全国技工院校数控类专业教材（高级技能层级）

CAD/CAM应用技术实训图集（零件篇）

朱勤惠　主编

中国劳动社会保障出版社

简介

本书主要内容包括 2D 草图编辑、拉伸与旋转建模、特征编辑建模、扫描与放样建模、曲面与曲线建模、机械与模具产品建模、工业与生活产品建模、零件 2D 铣削加工、曲面零件 3D 铣削加工等。本书由朱勤惠任主编，郑丁梅、沈宇亮参加编写，钟晓军任主审。

图书在版编目（CIP）数据

CAD/CAM 应用技术实训图集．零件篇 / 朱勤惠主编．-- 北京：中国劳动社会保障出版社，2023
全国技工院校数控类专业教材．高级技能层级
ISBN 978-7-5167-6022-2

Ⅰ．①C…　Ⅱ．①朱…　Ⅲ．①机械元件 - 计算机辅助设计 - 应用软件 - 技工学校 - 教材　Ⅳ．①TP391.72

中国国家版本馆 CIP 数据核字（2023）第 229997 号

中国劳动社会保障出版社出版发行

（北京市惠新东街 1 号　邮政编码：100029）

*

北京市艺辉印刷有限公司印刷装订　新华书店经销

787 毫米 ×1092 毫米　16 开本　7.25 印张　153 千字

2023 年 12 月第 1 版　2023 年 12 月第 1 次印刷

定价：21.00 元

营销中心电话：400-606-6496

出版社网址：http://www.class.com.cn

http://jg.class.com.cn

目　录

第一章　2D 草图编辑

1-1　草图 1

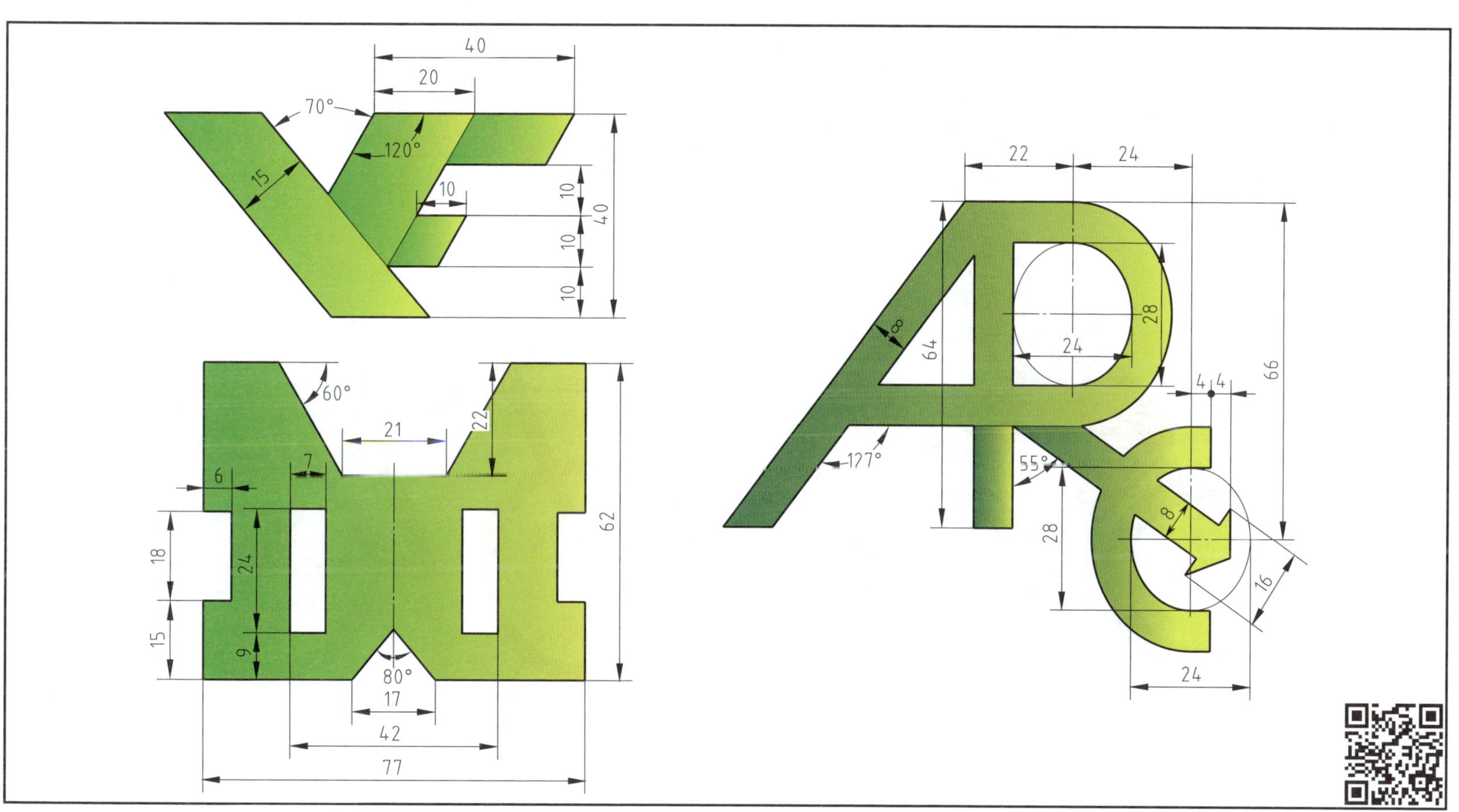

1–2　草图 2

60
30°
R100
R25
R100
2×Φ40
50
80
65°
R10
150°
65°
R15
30
35
10
140
60
R10
Φ29
75°
120°
R10
13
18
34
R6.5
96
90°
2×Φ67
13
48
11
2×Φ50
R6.5
42
92
24
R24
80
54
R80
60
67°
67°
52
5
2×Φ64
100

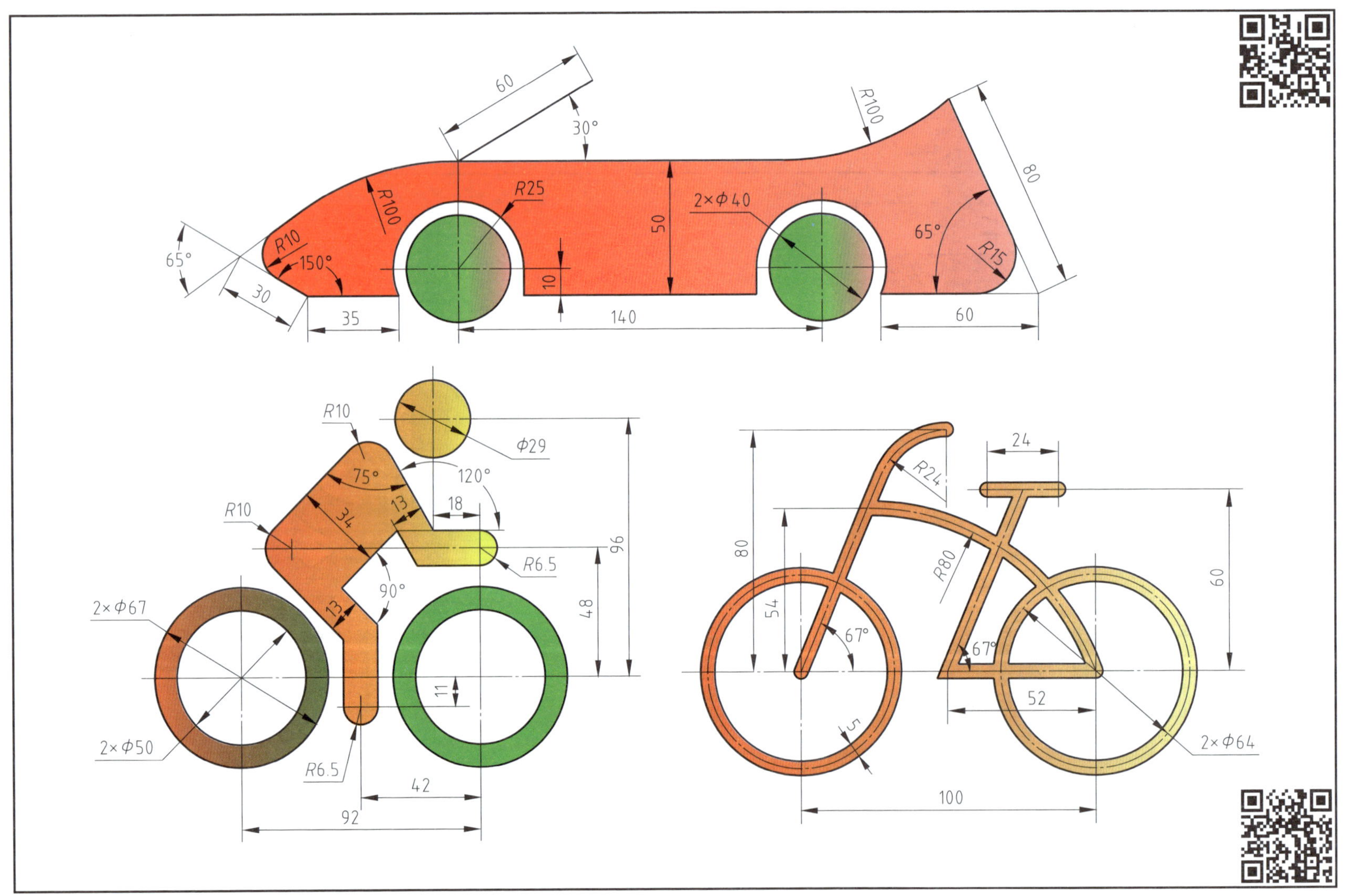

1-3　草图 3

140
Φ25
R10
15
R10
R15
R74
15
R30
Φ25
R10
R10
15
8
Φ70
105
125
44
R15
R34
R5
R15
62
15
65
30
118
Φ12
Φ24
6
Φ23
Φ40
30°
25
45
6
84
Φ60
Φ45

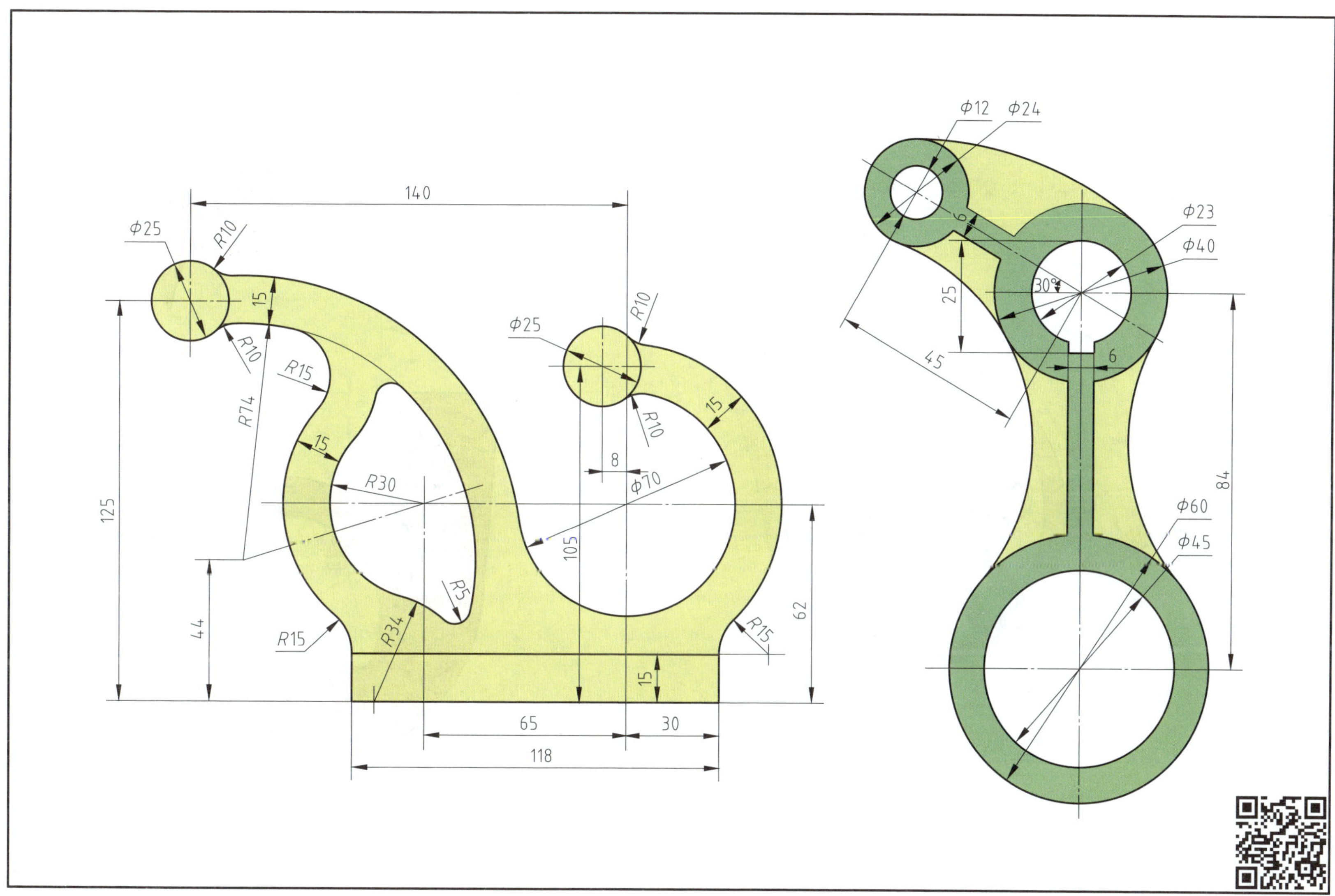

1-4　草图 4

90
100
(R207.14)
Φ100
Φ86
R38
24
24
20°
3
9°
A
B
C
32°
20
1
60
26
R4
R2
R3
6
注：在A、B、C点处圆弧与圆弧相切
I
2∶1
60°
Φ3
R3
R3
45
32
8
9°
55
R45
R5
72
45°
Φ50
R50
Φ65
切点

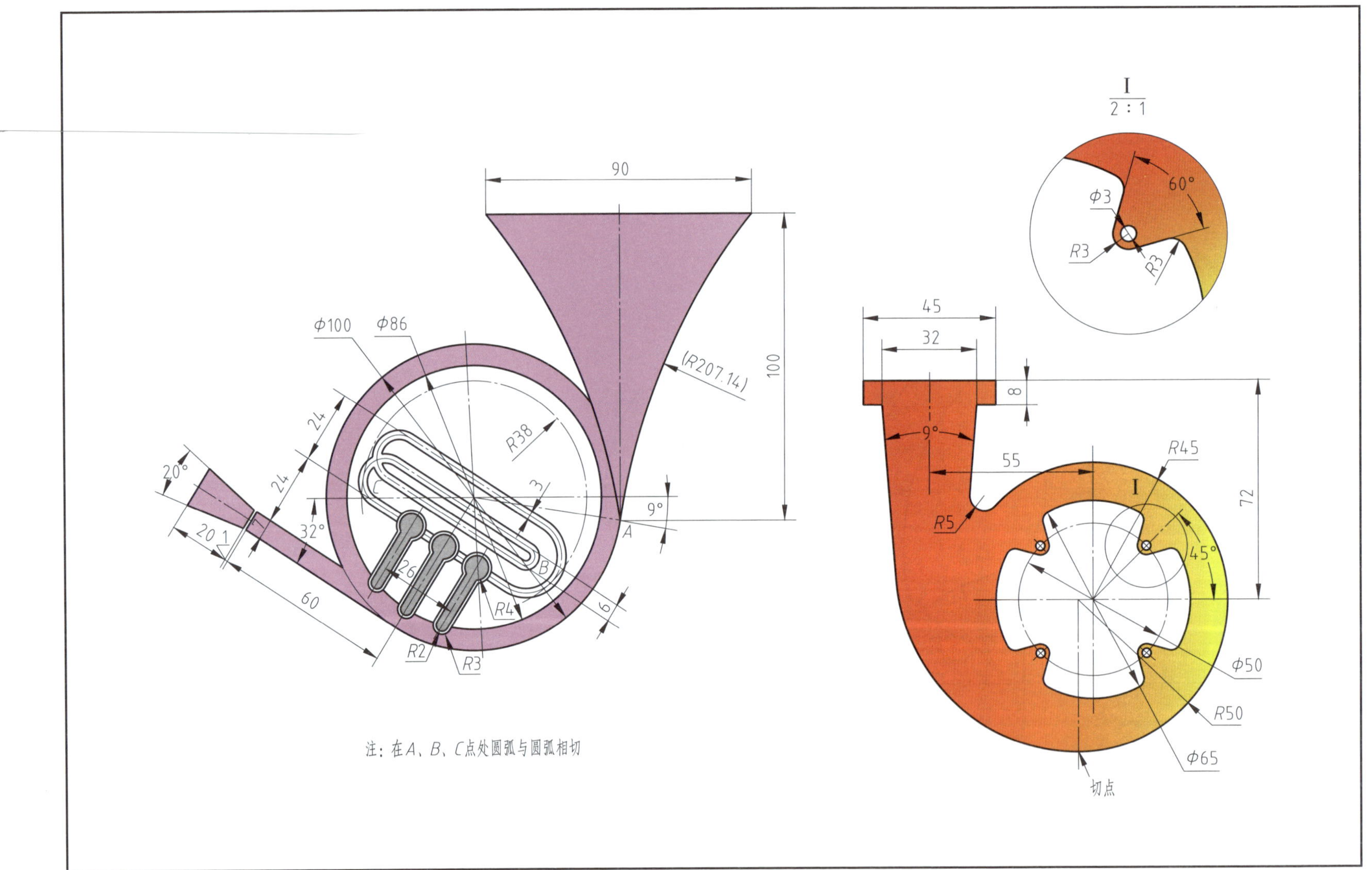

1-5　草图 5

R2
48
36
R90
R109
149
1
1
6
7
R2.5
R27
7
φ7
φ5
R3
17
4
5
12
R16
φ24
38
8
60°
40
φ24
4
φ12
40
32°
16
62°
4
R80
R6
R2
C
120
A
B
φ8
φ12
φ20
46°
39°
60
注：AB=BC

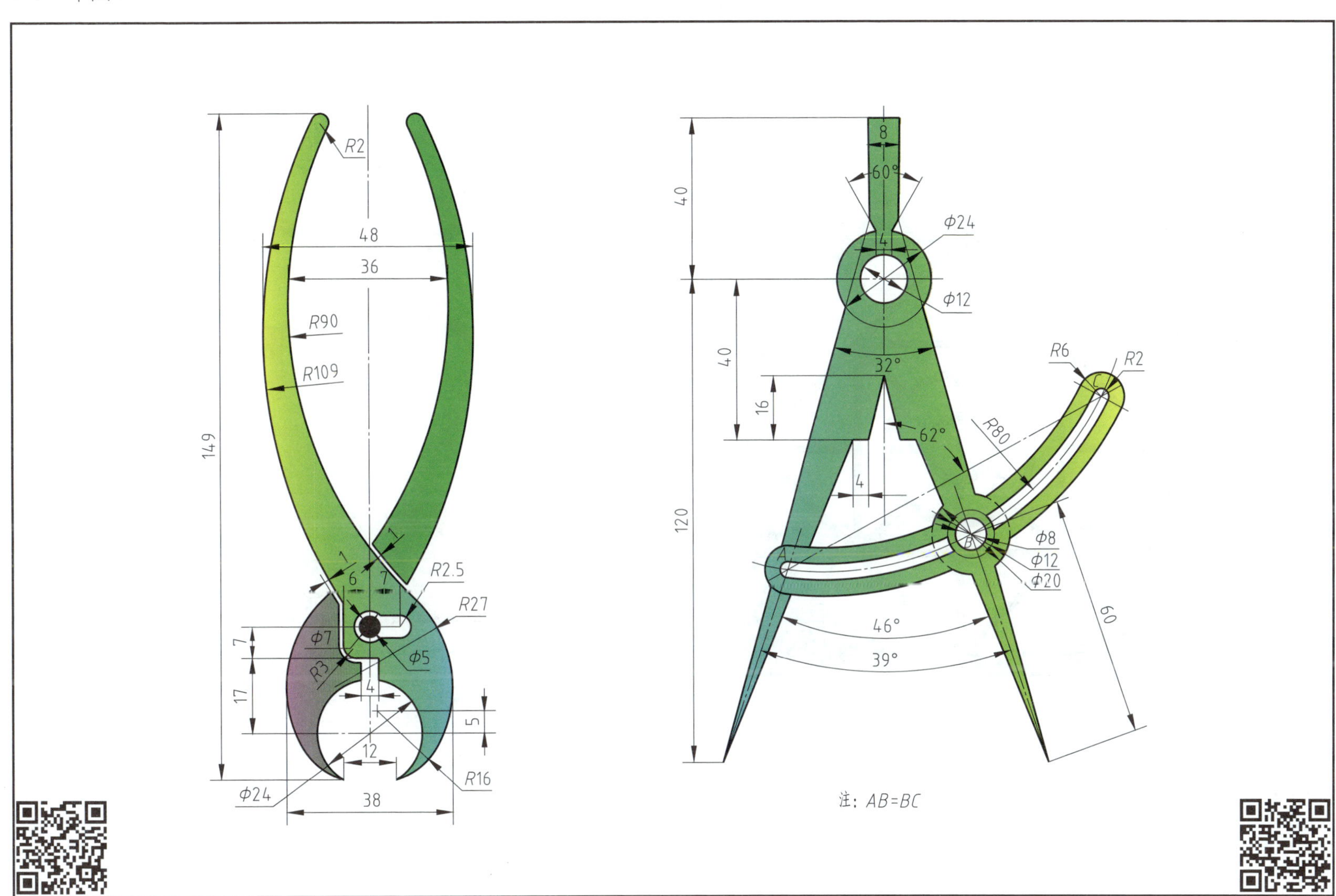

1-6　草图 6

φ120
φ45
φ20
2
130
130
技术要求
未注圆角均为R2。
R1
R0.5
60°
2
11
20
R0.5
φ62
φ100
17.5

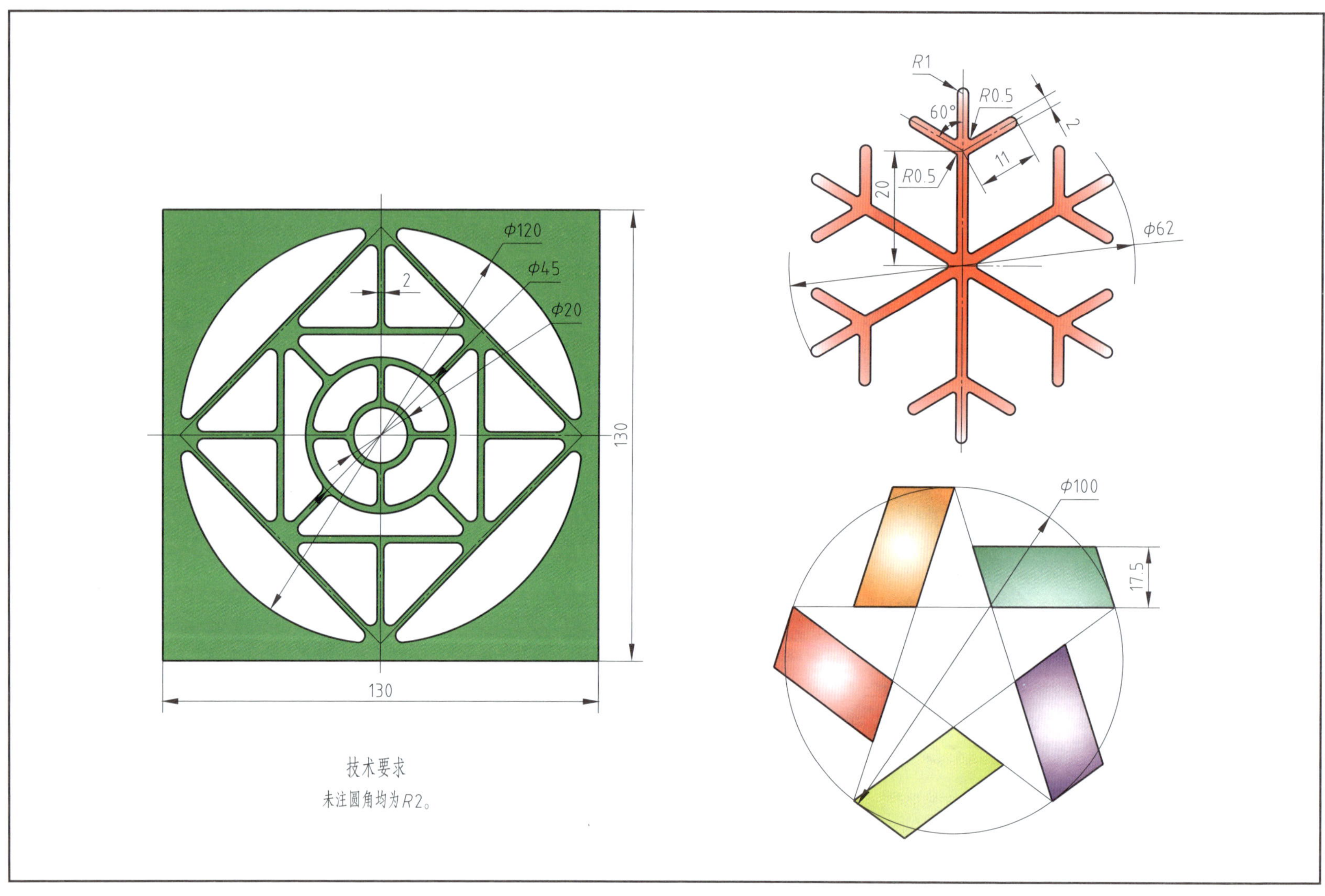

1-7 草图 7

150
R55
Φ6
Φ50
100
75
R150
R50
R38
Φ10
(23,65)
R10
R37
R24
(37,37)
R56
R15
Φ27
(14,11)
(0,0)
Φ200
Φ156

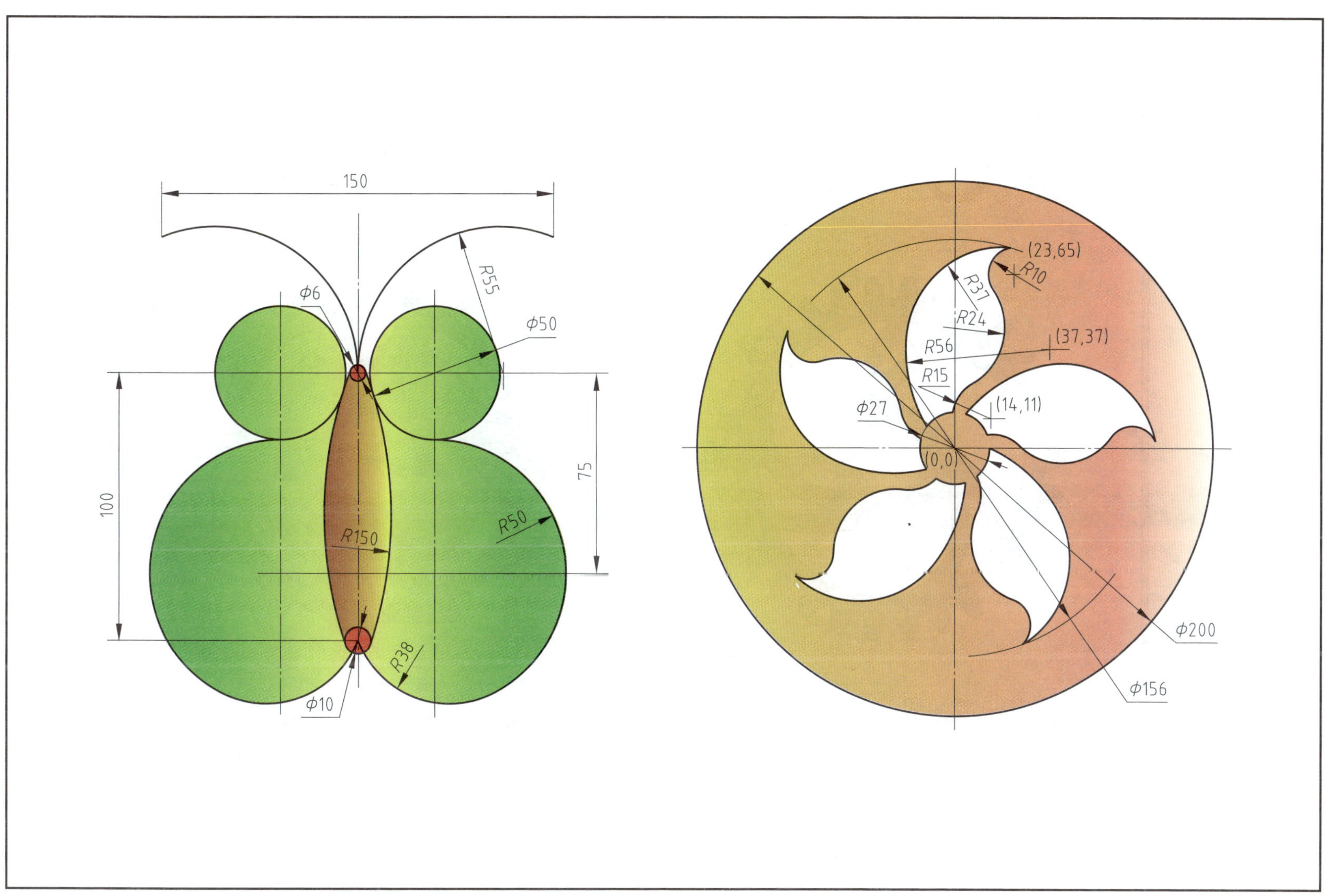

1–8　草图 8

R4
15
R6
20
240
1.5
160
φ82
φ72
φ62
4
4
R1
φ28
φ15
R50
R16
R9.36
7°
3°
30°
30°
90°
R2.5
φ20
φ60
φ85
2×φ8
120

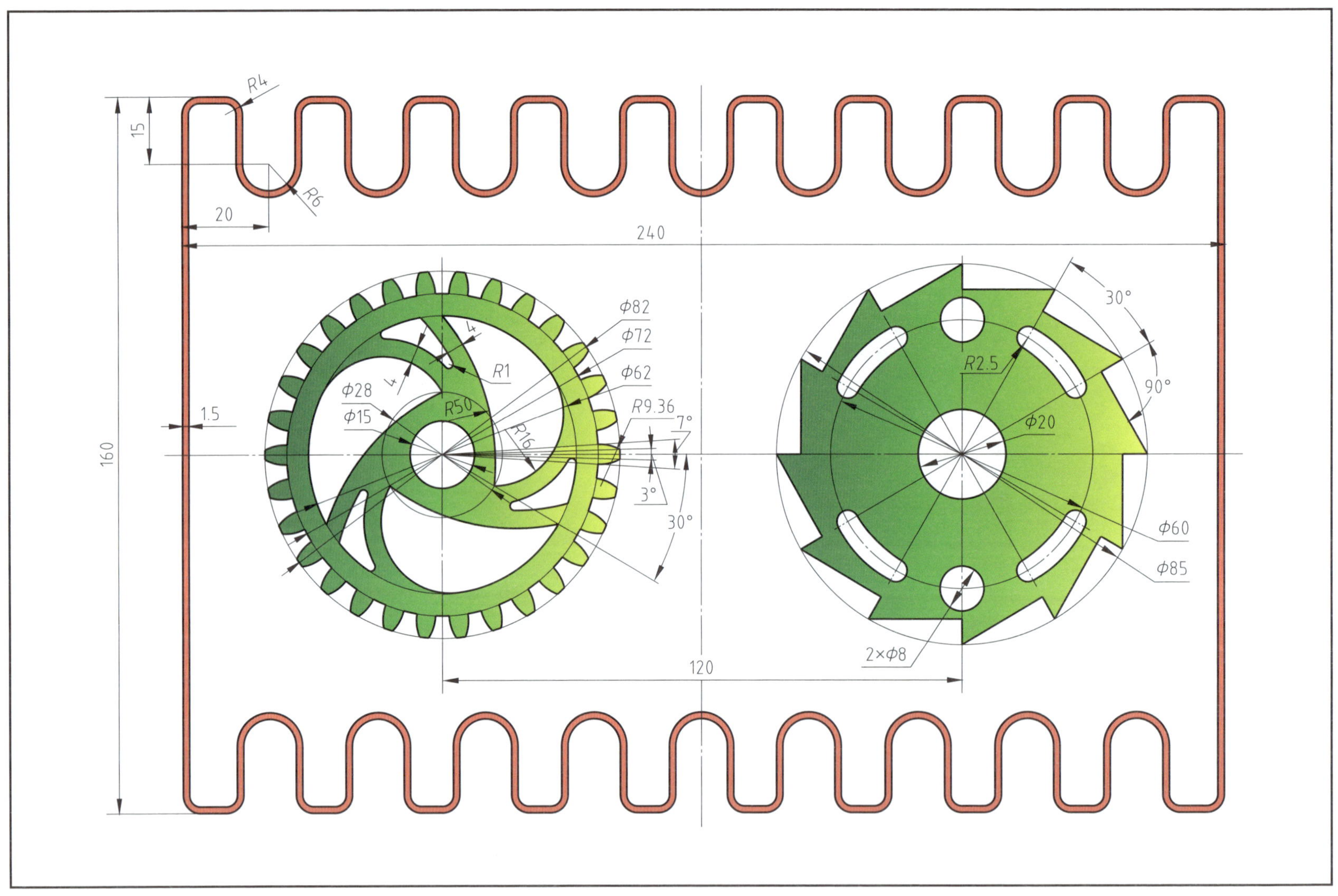

1-9　草图 9

Φ42
8
Φ6
Φ15
1
R5
36
52
2
1
Φ15
Φ24
R11
12
40
Φ15
100
12
50
24
3
45°
156
切点
66
3
100
R12

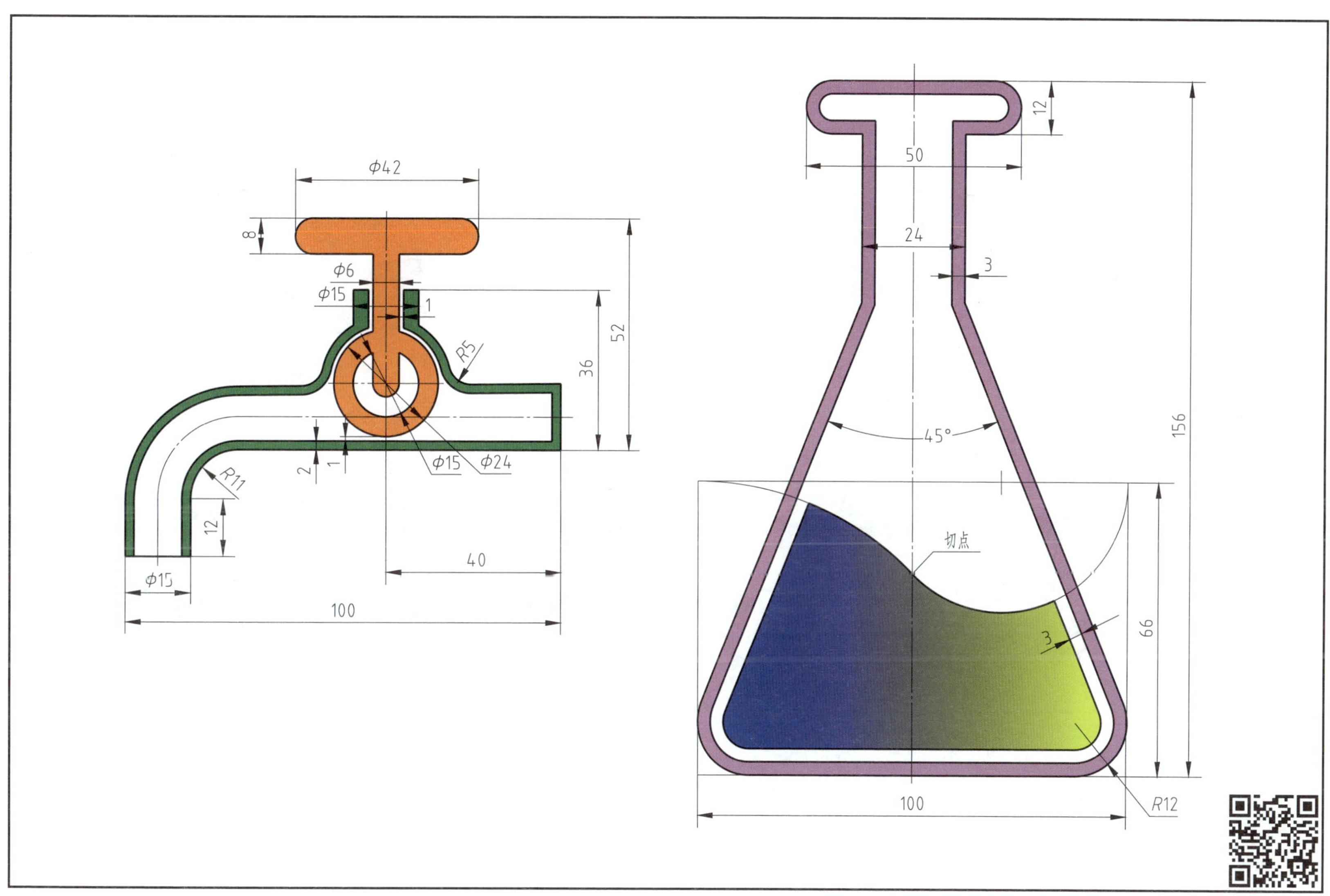

1-10　草图 10

36°
19
18
4
4
18
38
4
4
33
26
R
R45
R45
15
13
R16
R30
26
2×Φ9
4
76
36°
90
Φ90
SR10
8
9
3
3
50°
56°
R5
5
Φ8
Φ24
24
20
7
143

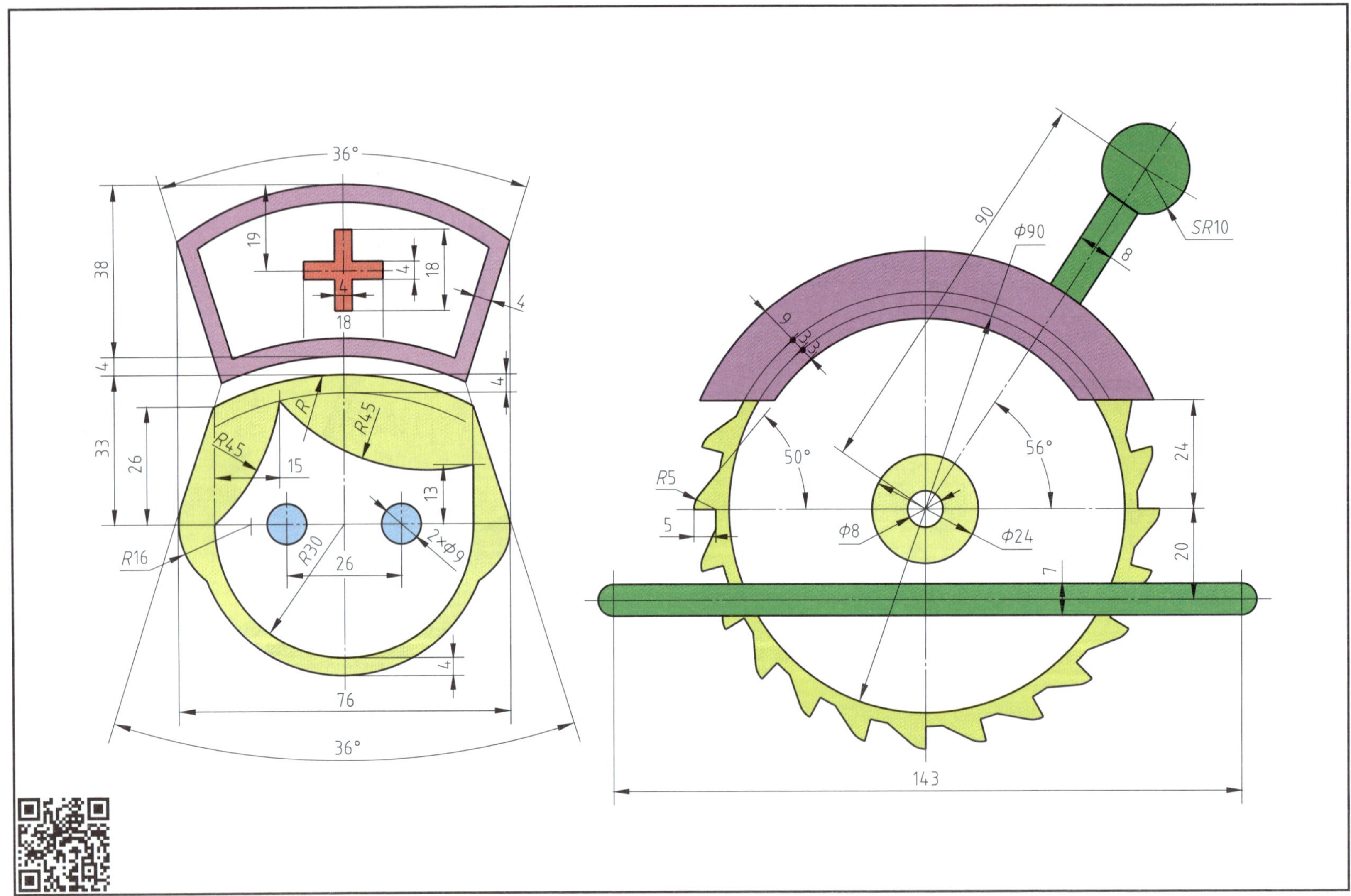

第二章　拉伸与旋转建模

2-1　叉架零件 1

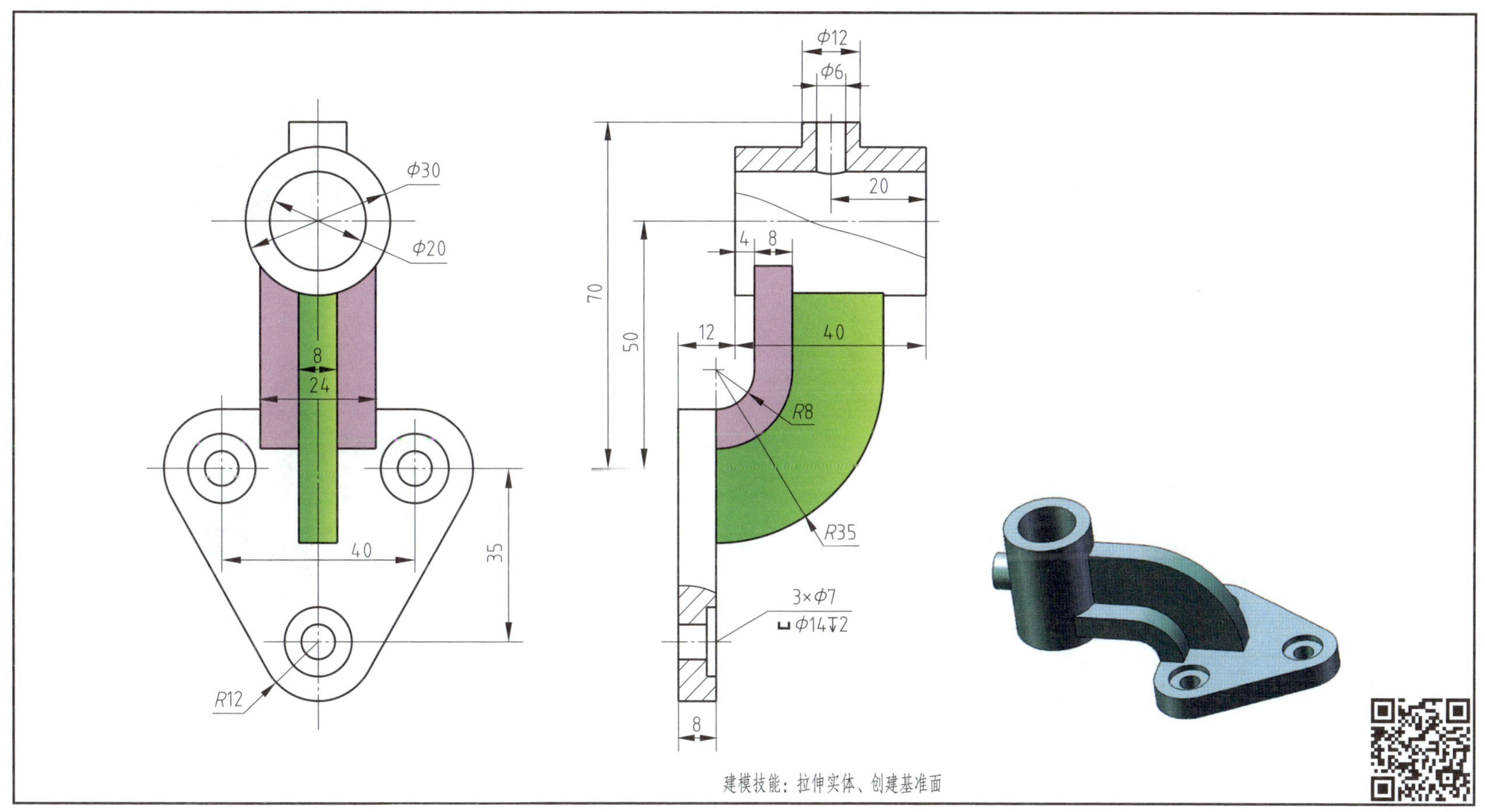

2-2 叉架零件 2

A—A
12
5
1.5
1.5
10
ϕ10
ϕ20
ϕ40
C2
C2
ϕ8
ϕ20
15
34
A
ϕ50
2
90°
78
R35
R27
SR9
28
25
5
A
A
62°
ϕ3
技术要求
1. 未注圆角为R2。
2. 孔口去毛刺，倒钝锐边。
建模技能：拉伸、创建基准面、旋转

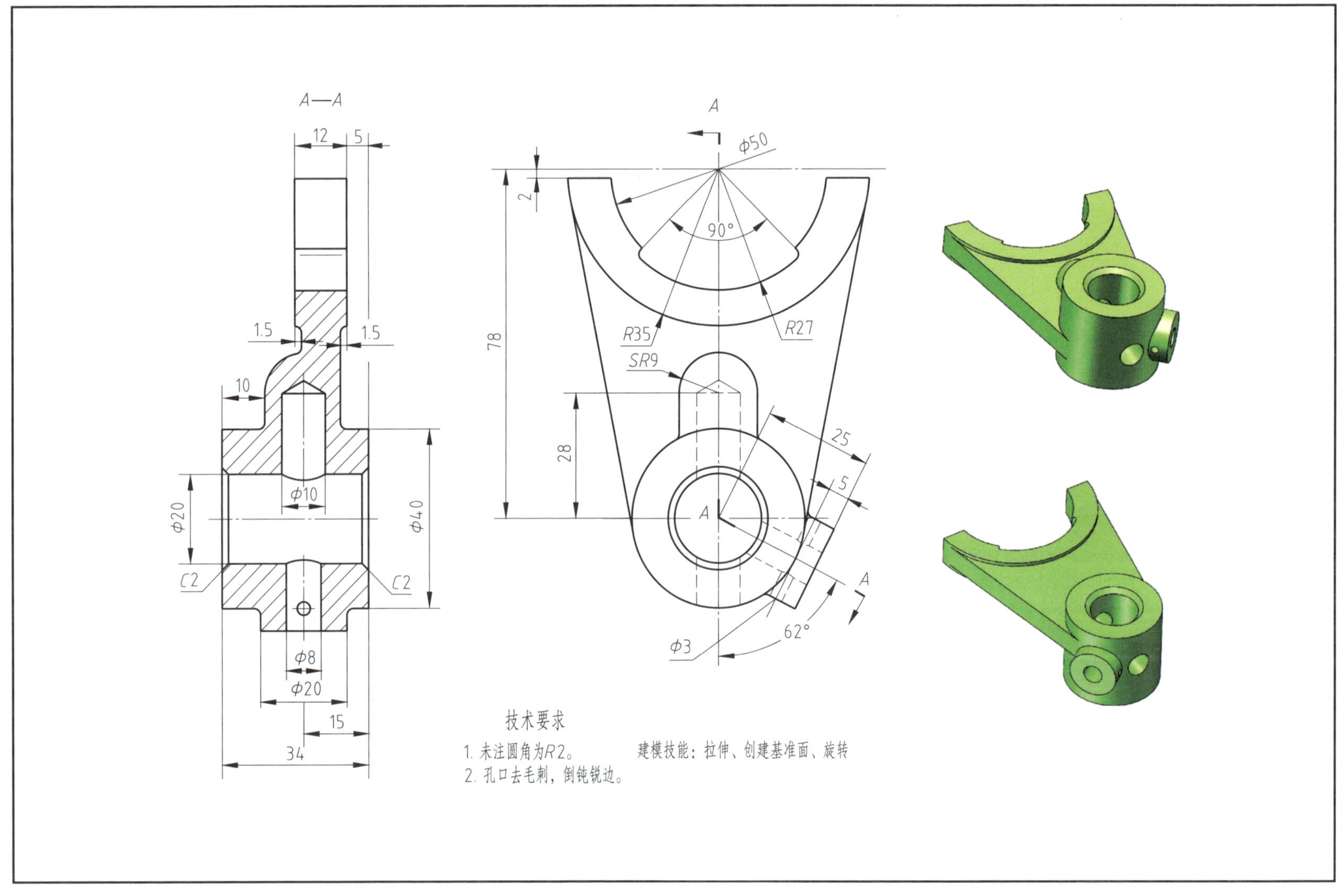

2–3　叉架零件 3

R12.5
R17.5
R150
Φ25
Φ18
45°
4
3
50
A
19
70
4
10
R100
Φ10
Φ15
B
2
5
15
4
4
15
Φ13
Φ8
10
15
建模技能：拉伸、创建基准面
38
Φ10
25
14
5
11
2.5
技术要求
1. 未注圆角为 R1。
2. 去除毛刺，倒钝锐边。

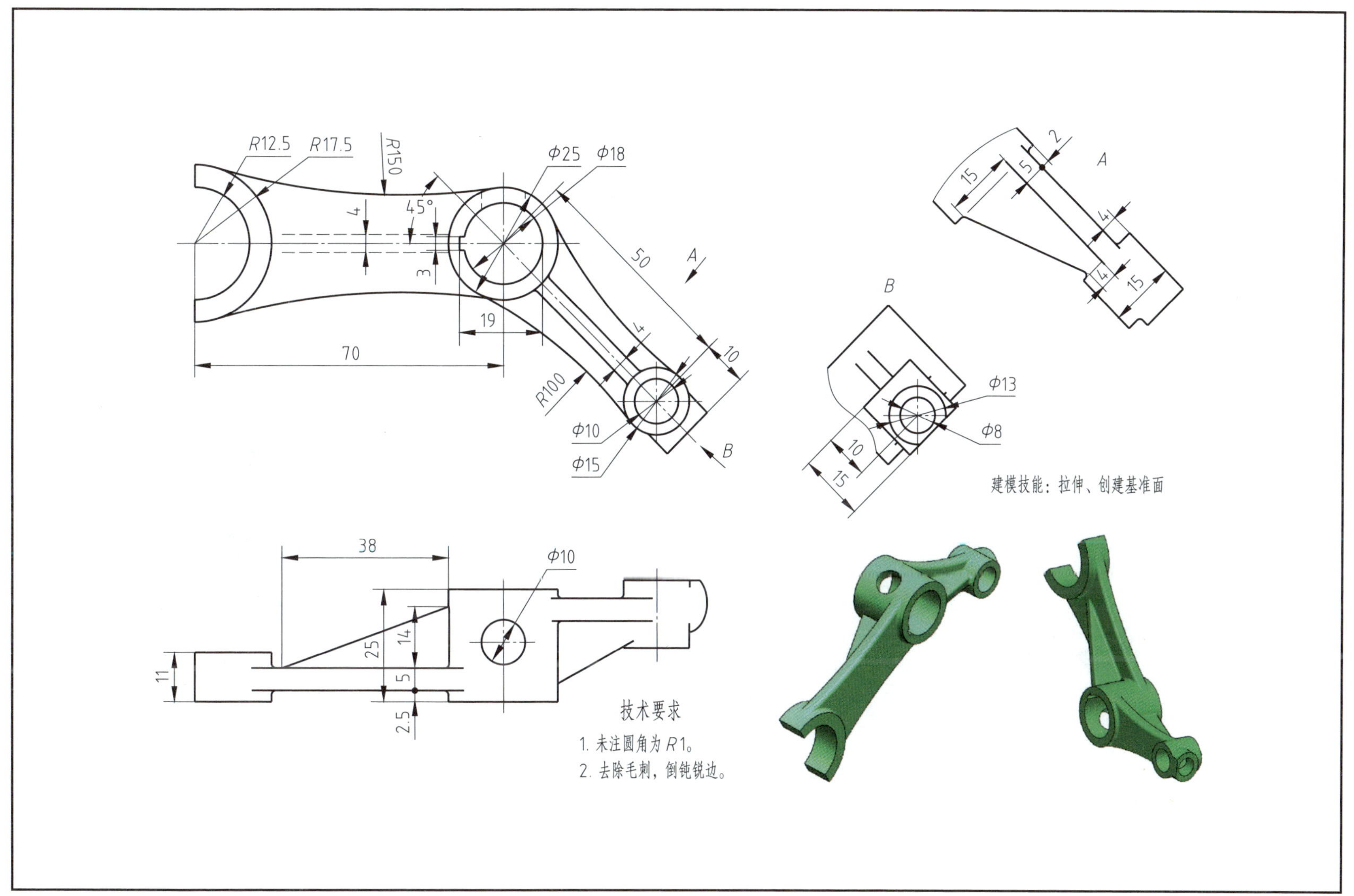

2-4 叉架零件 4

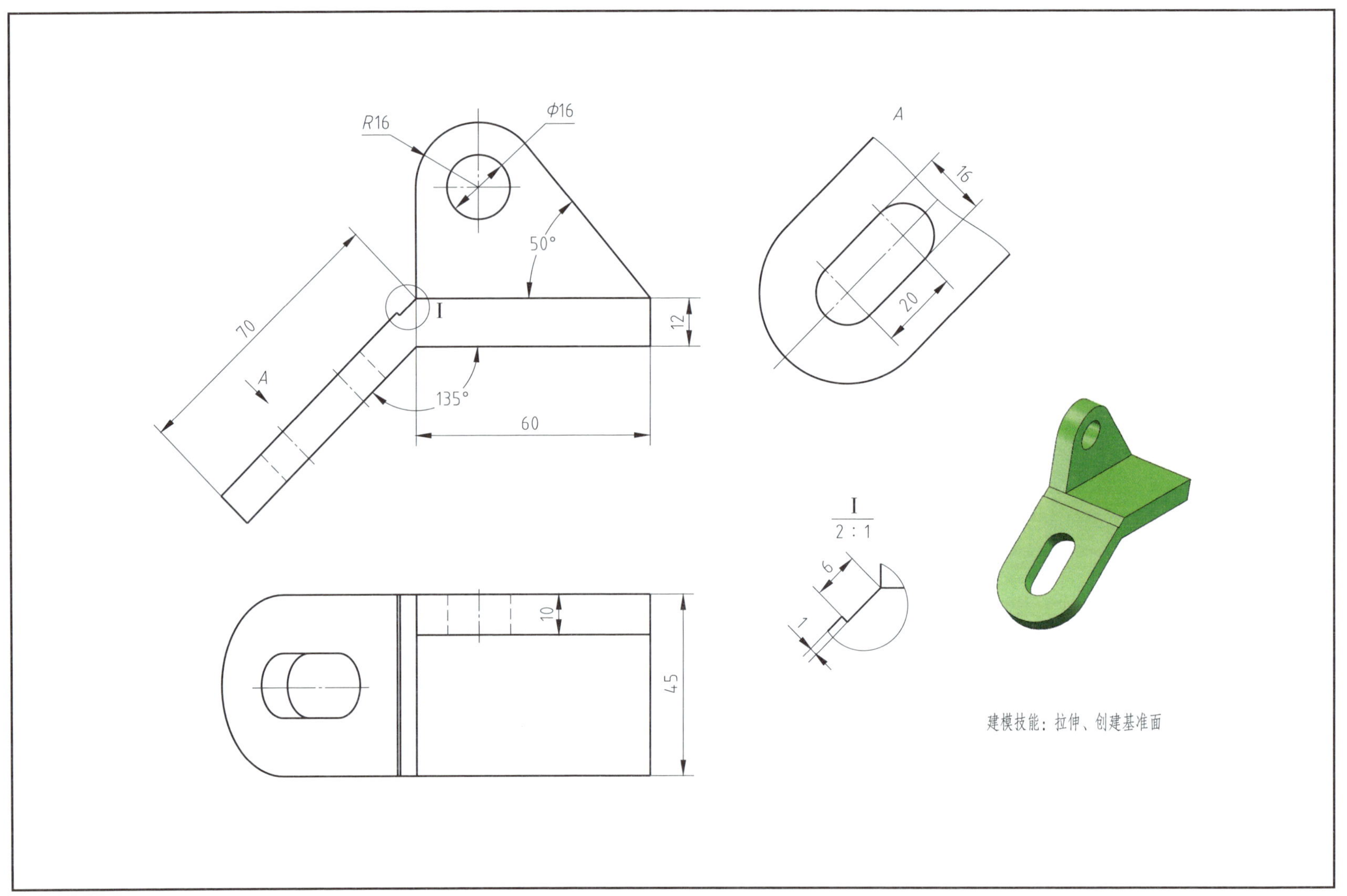

2-5 箱体零件 1

5
4
10
22.5
55
R7.5
Φ30
Φ7.5
10
Φ20
8×Φ7.5
R7.5
R7.5
25
30
50
35
50
70
技术要求
未注圆角为R2，未注倒角为C1。
建模技能：拉伸、创建基准面

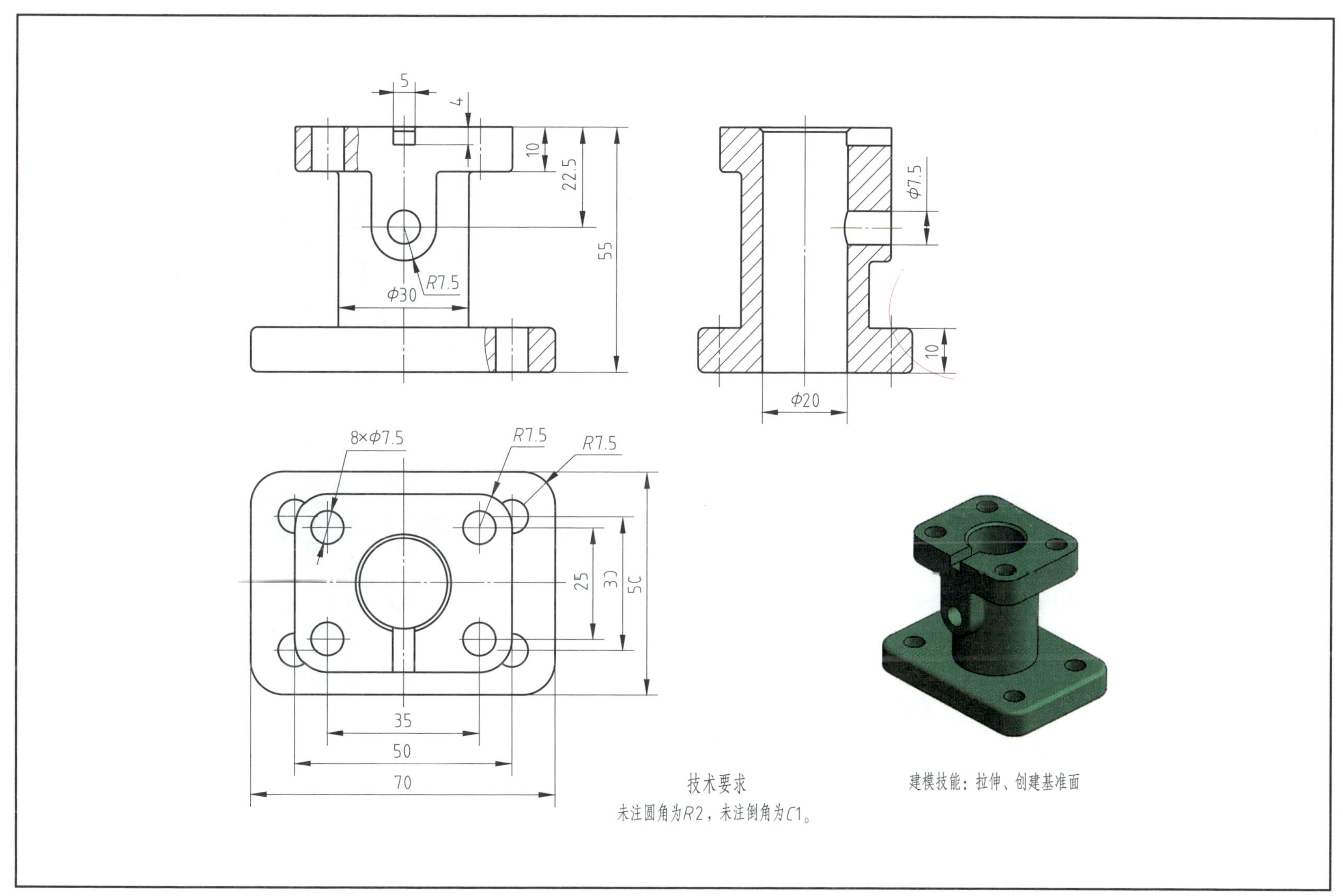

2-6　箱体零件 2

Φ58
Φ44
A
Φ12
R13
A
7
40
Φ28
R14
45°
100
56
74
10
30
12
50
9
Φ102
Φ80
78
Φ50
Φ40
4×Φ12
通孔
Φ14
建模技能：拉伸、旋转、创建基准面

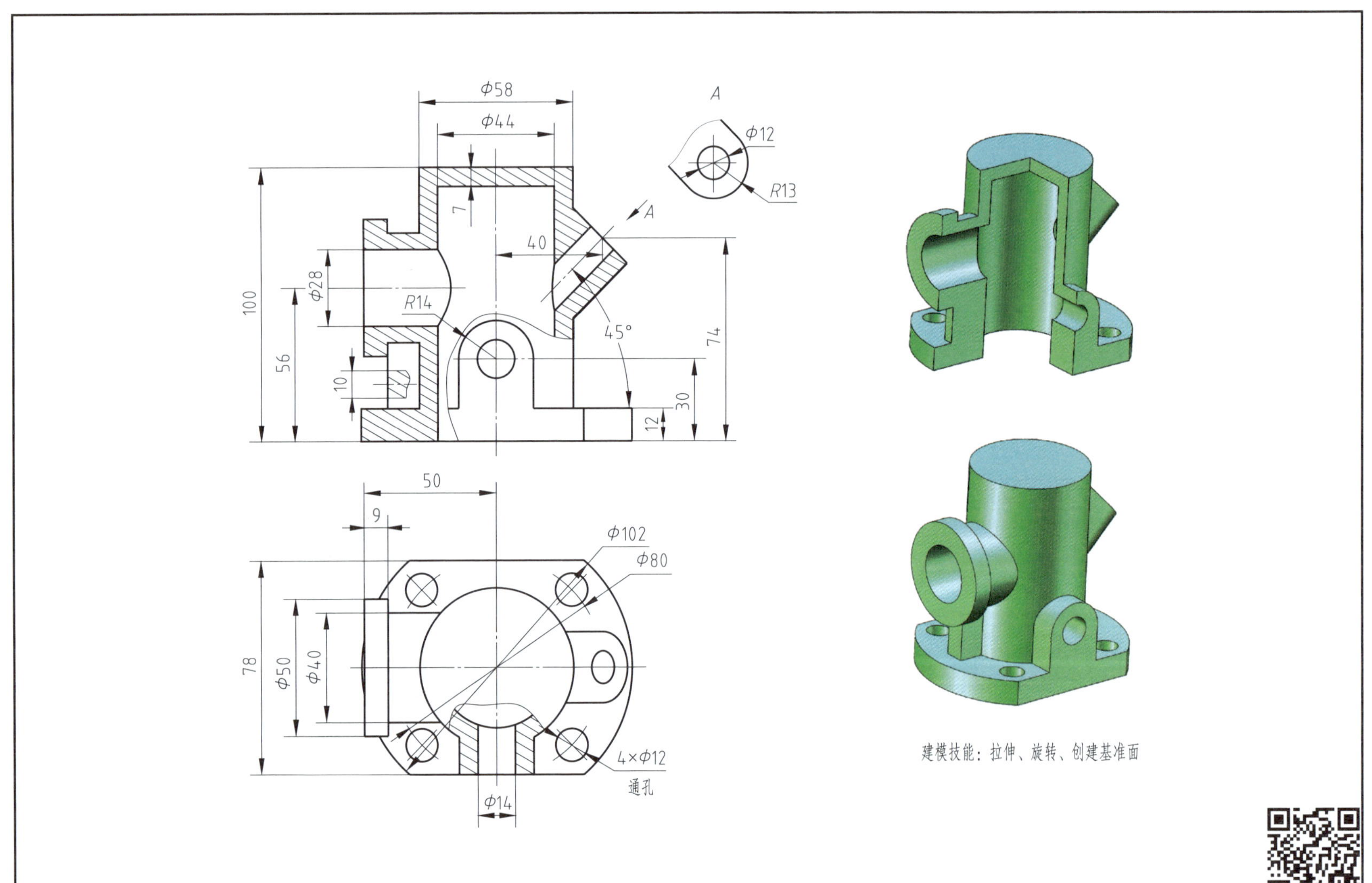

2–7 箱体零件 3

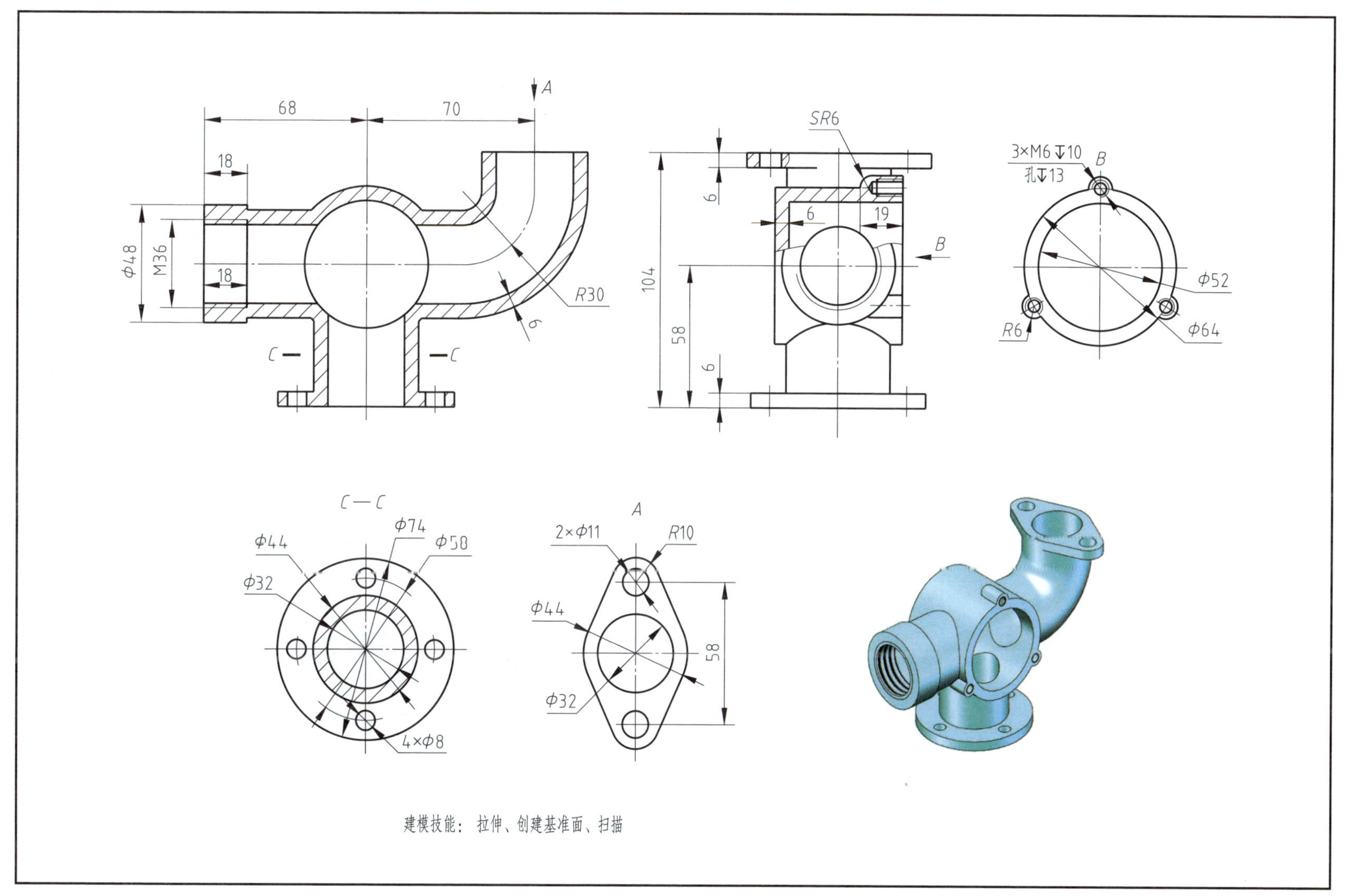

建模技能：拉伸、创建基准面、扫描

2-8 箱体零件 4

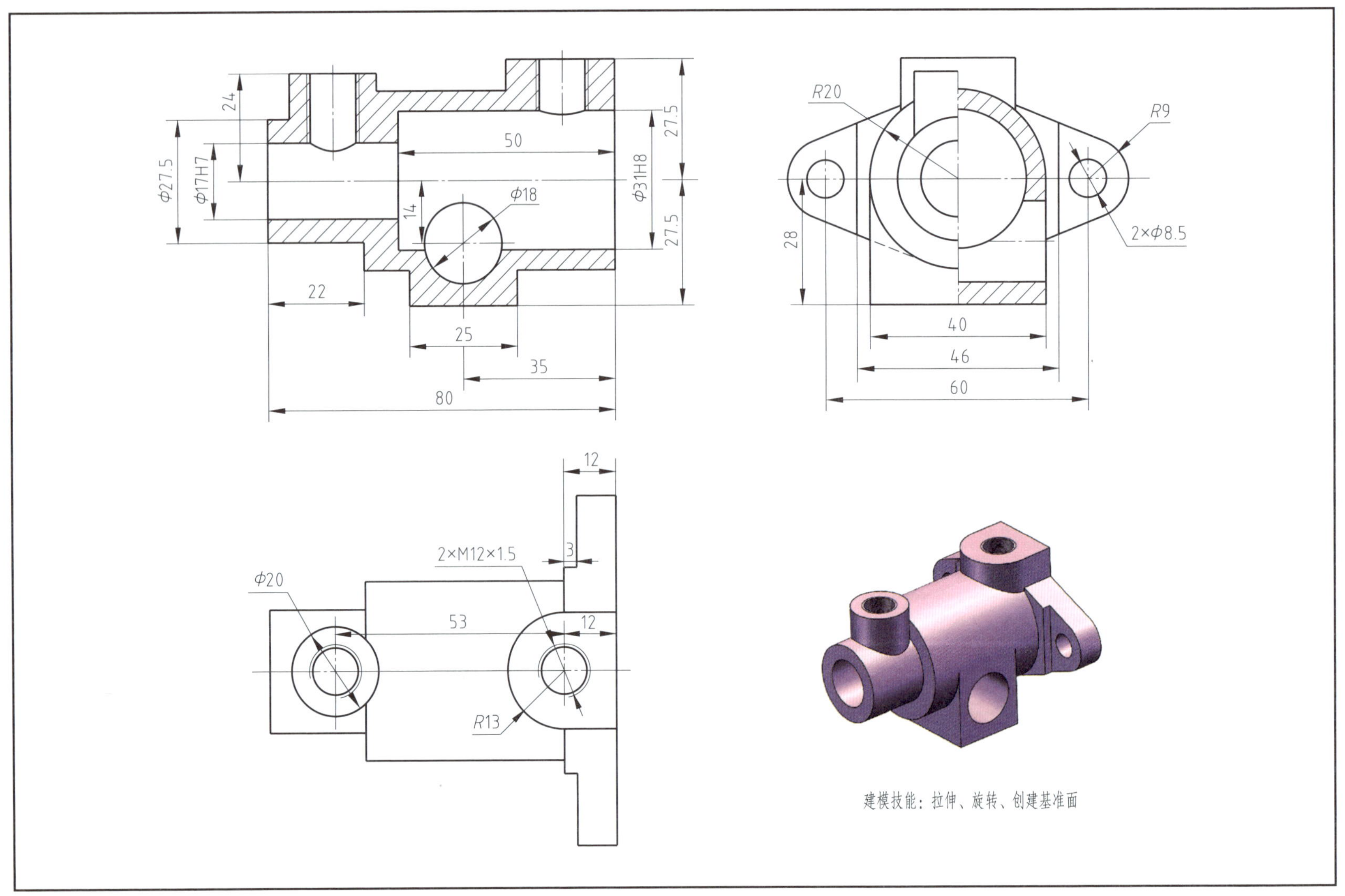

建模技能：拉伸、旋转、创建基准面

2-9 箱体零件 5

A
24
10
R10
Φ8
通孔
2
70
R12
2
8
30°
32
36
20
建模技能：拉伸、旋转、创建基准面
Φ70
M10
Φ30
M4↧12
10
8
45°
26
2
Φ16
A
R15
Φ10
65
35
技术要求
未注倒角为C1。

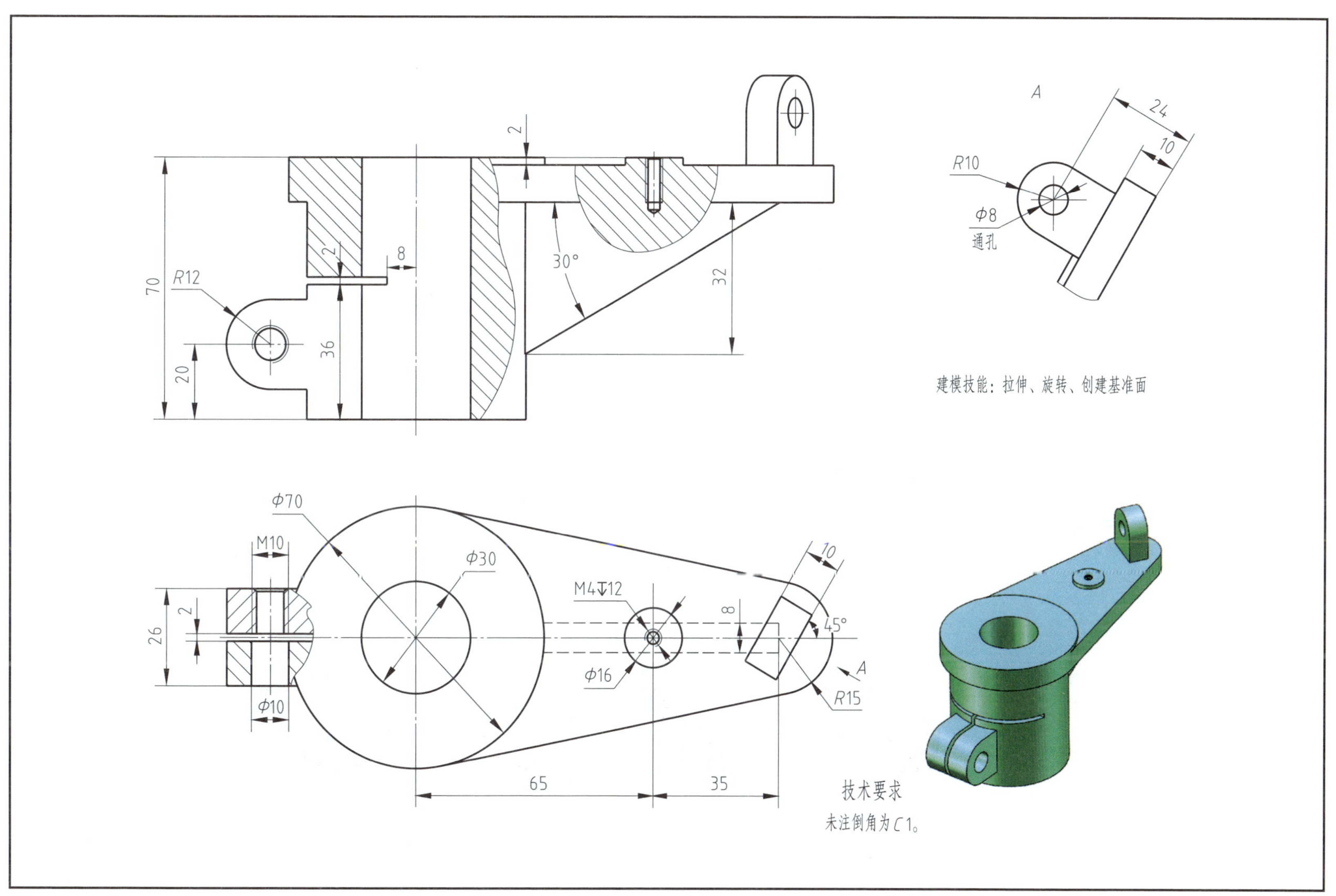

2-10　旋转体 1

18
R6
12
18
A
R25
1
R46
A
I
A—A
18
2
8°
I
4 : 1
2
6
3.2
2
120°
2×Φ8
R4
2
R13
34
24°
1
116
建模技能：曲面分割实体、拉伸、旋转

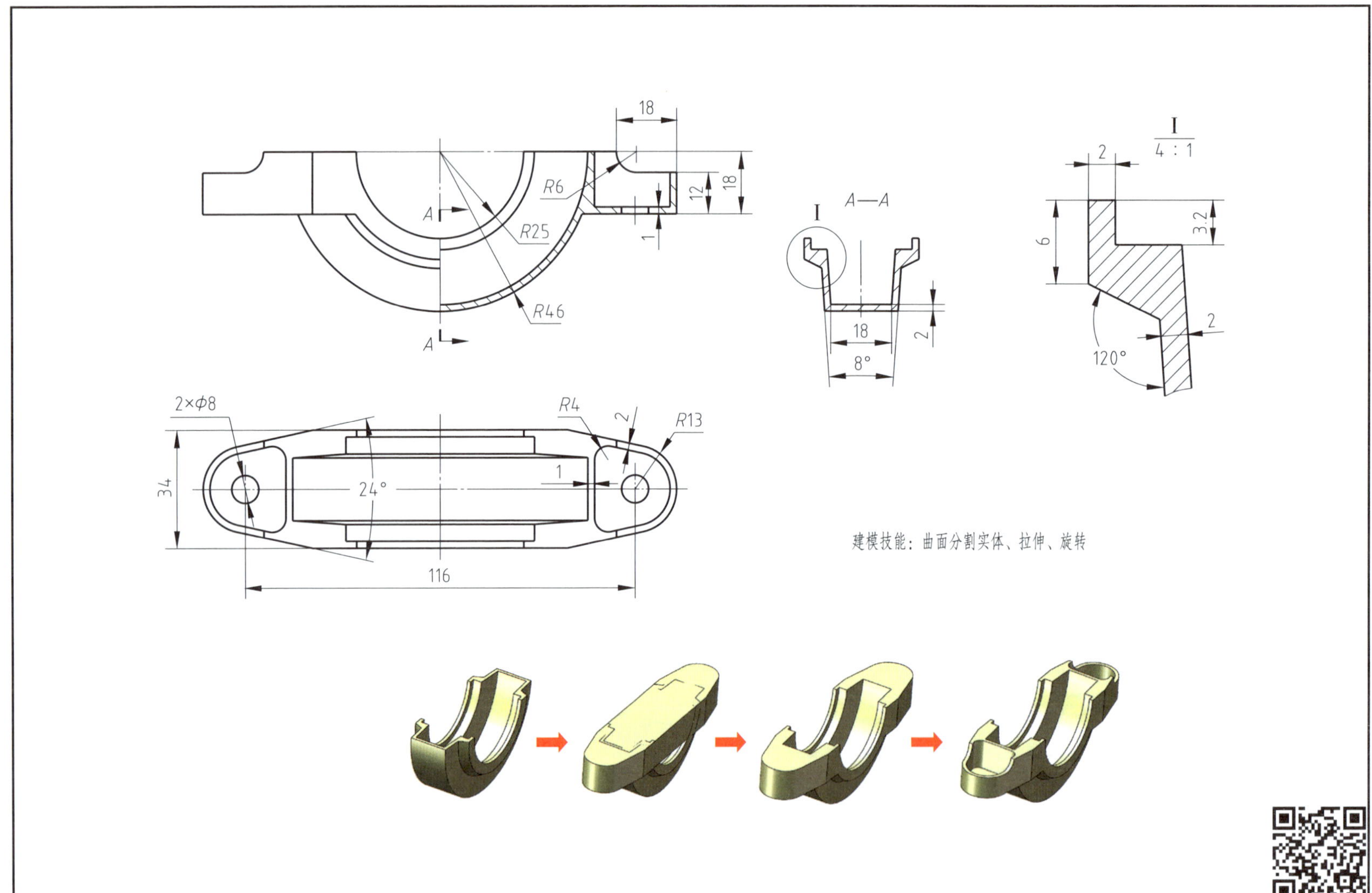

2-11　旋转体 2

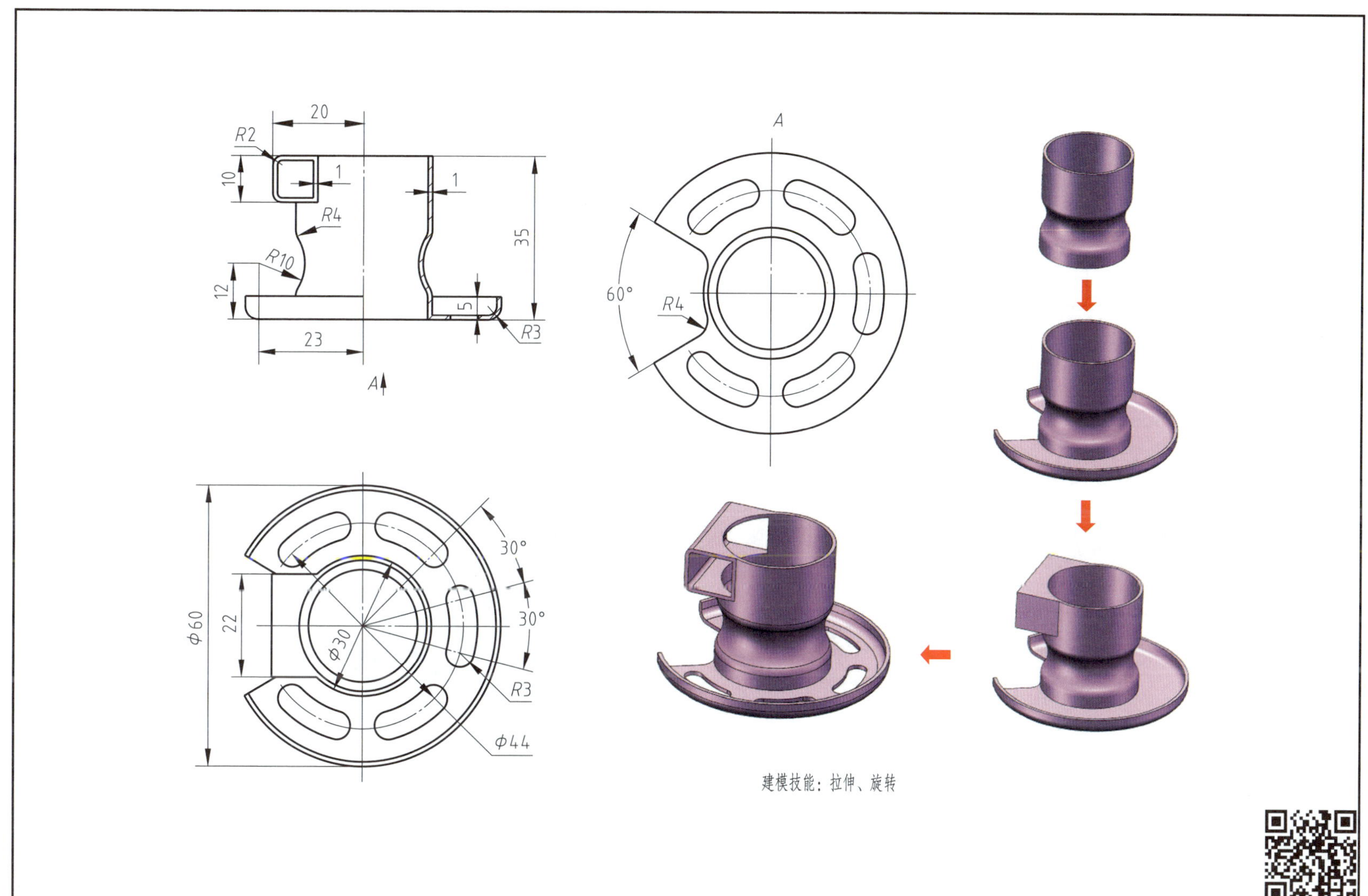

建模技能：拉伸、旋转

2–12　旋转体 3

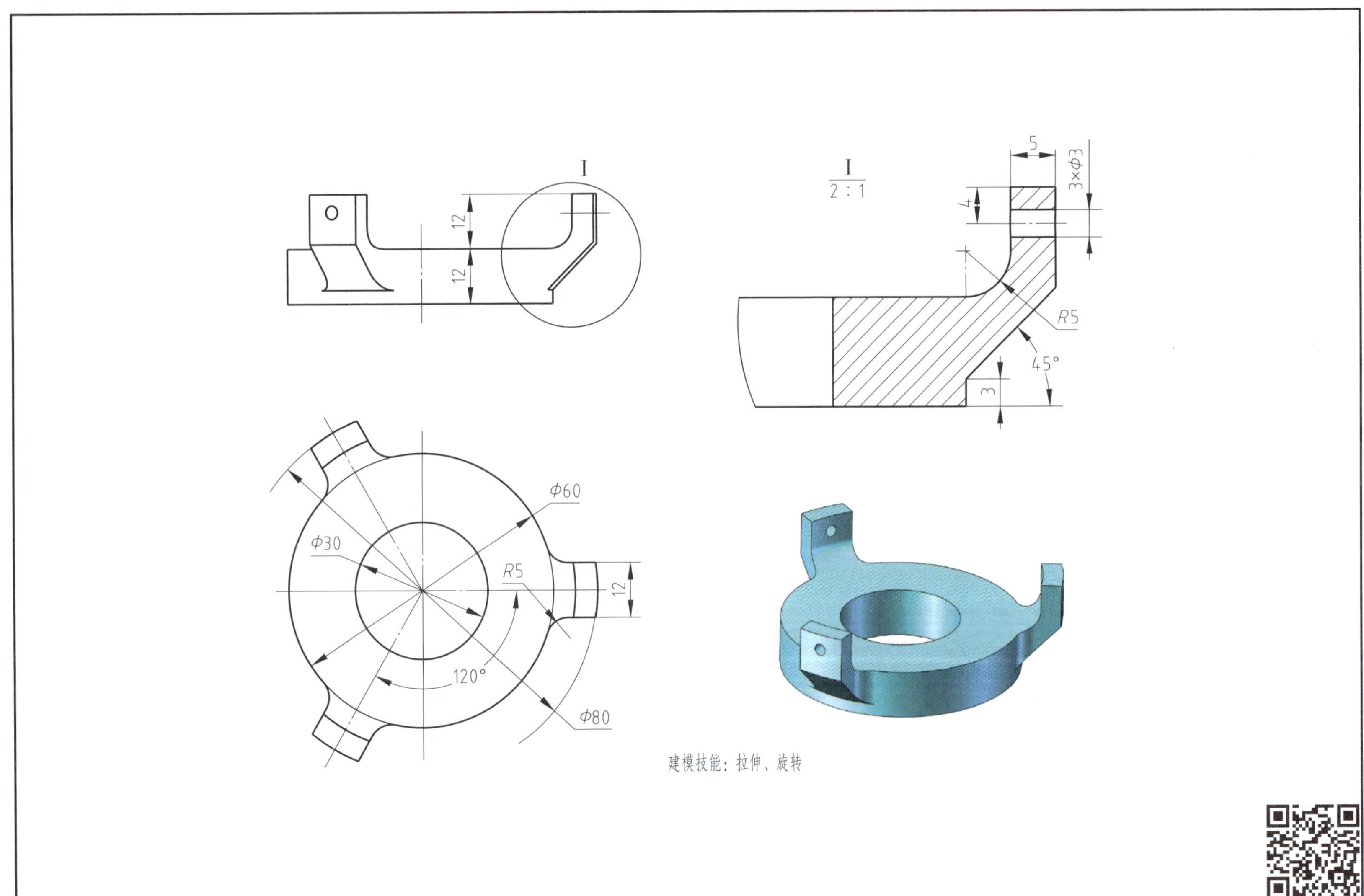

2-13 变圆角零件

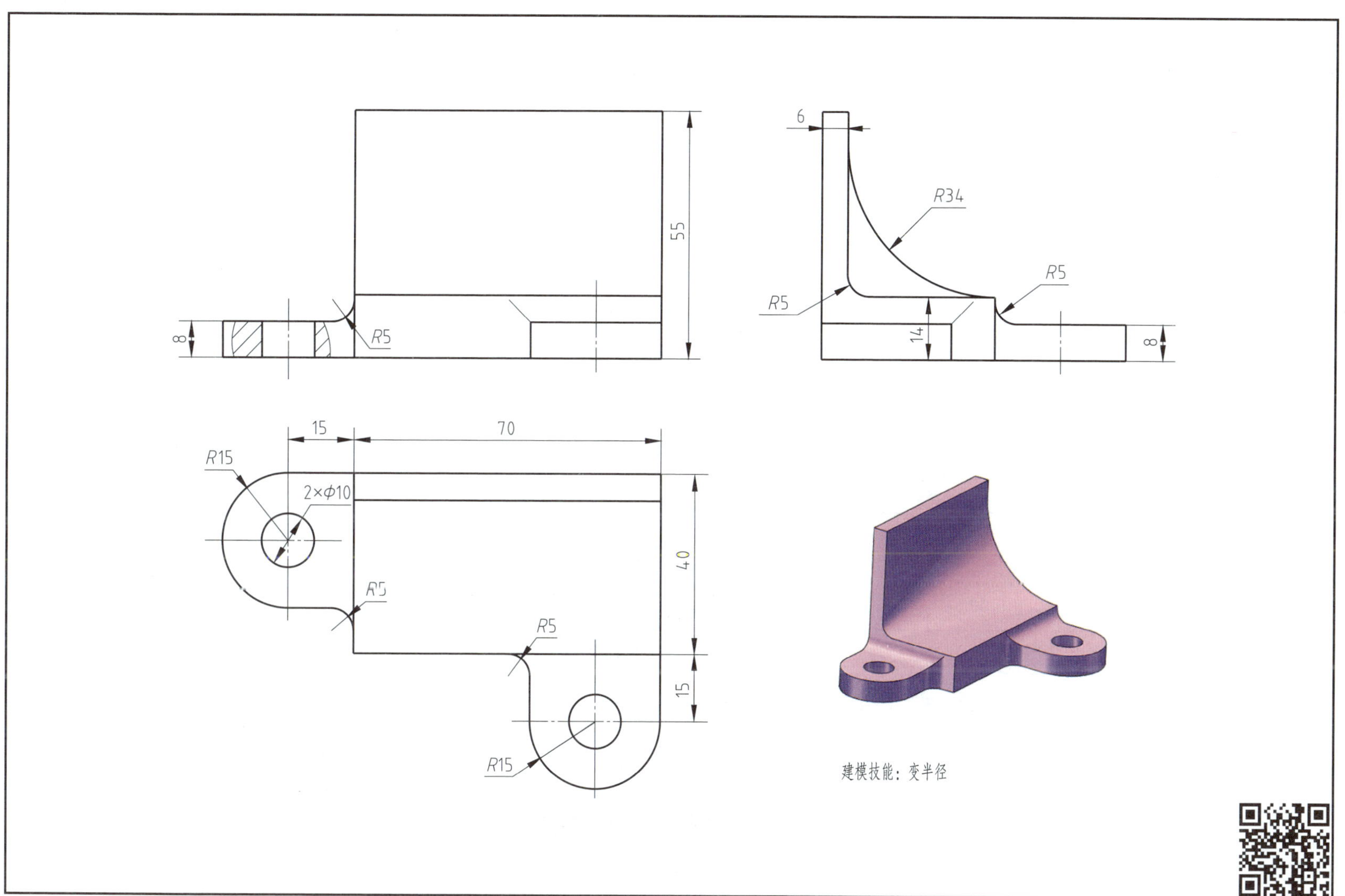

建模技能：变半径

第三章 特征编辑建模

3-1 香皂和夹紧旋钮

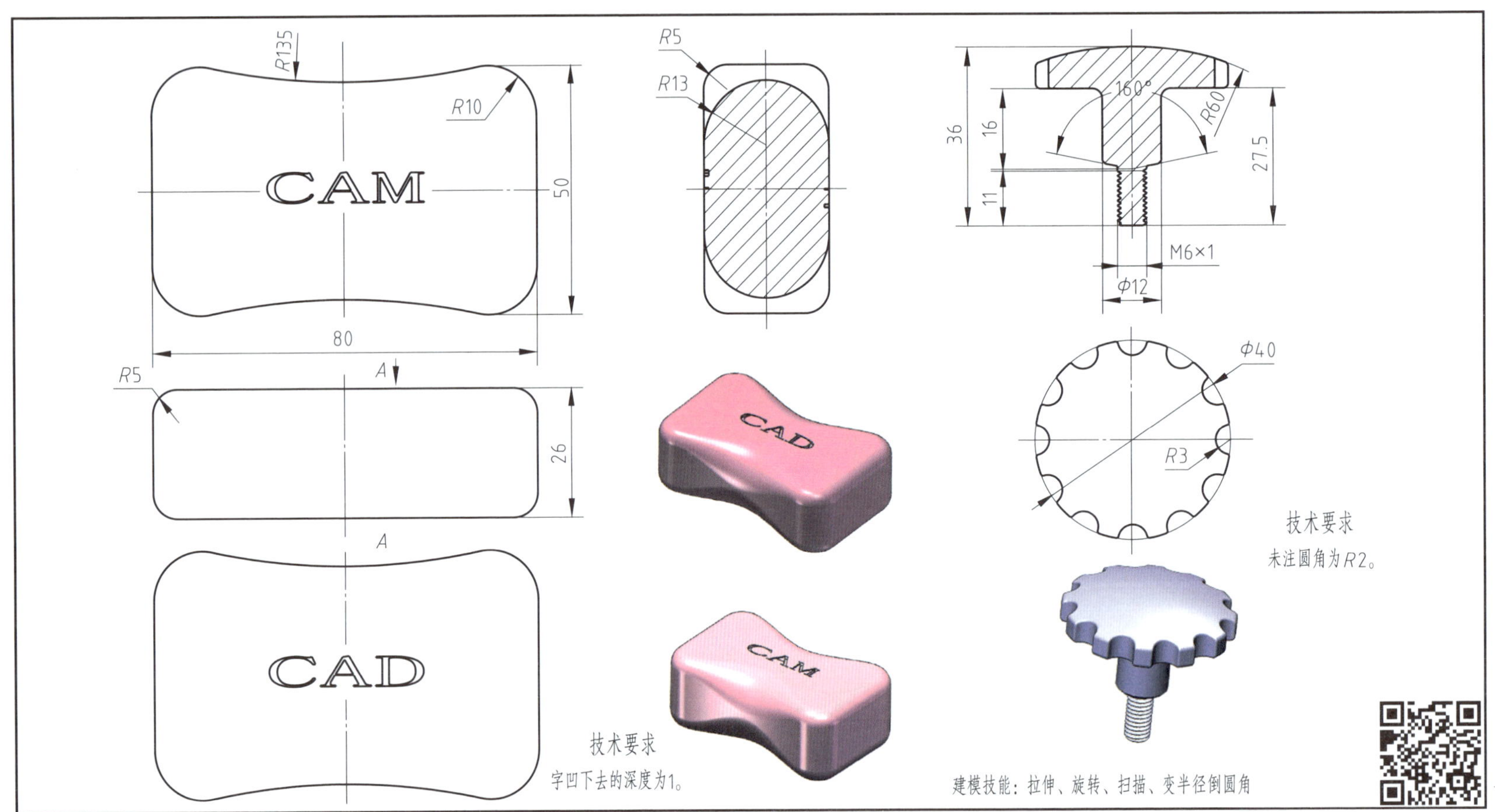

3–2 香水瓶

A—A
R5
R10
1
R200
R7.5
R3
15
3
R3
R3
φ20
70
90
23
120
I
3 : 1
3
2.5
R0.3
1.5
建模技能：拉伸、旋转、扫描、变半径倒圆角
R120
25
φ40
23
22
75

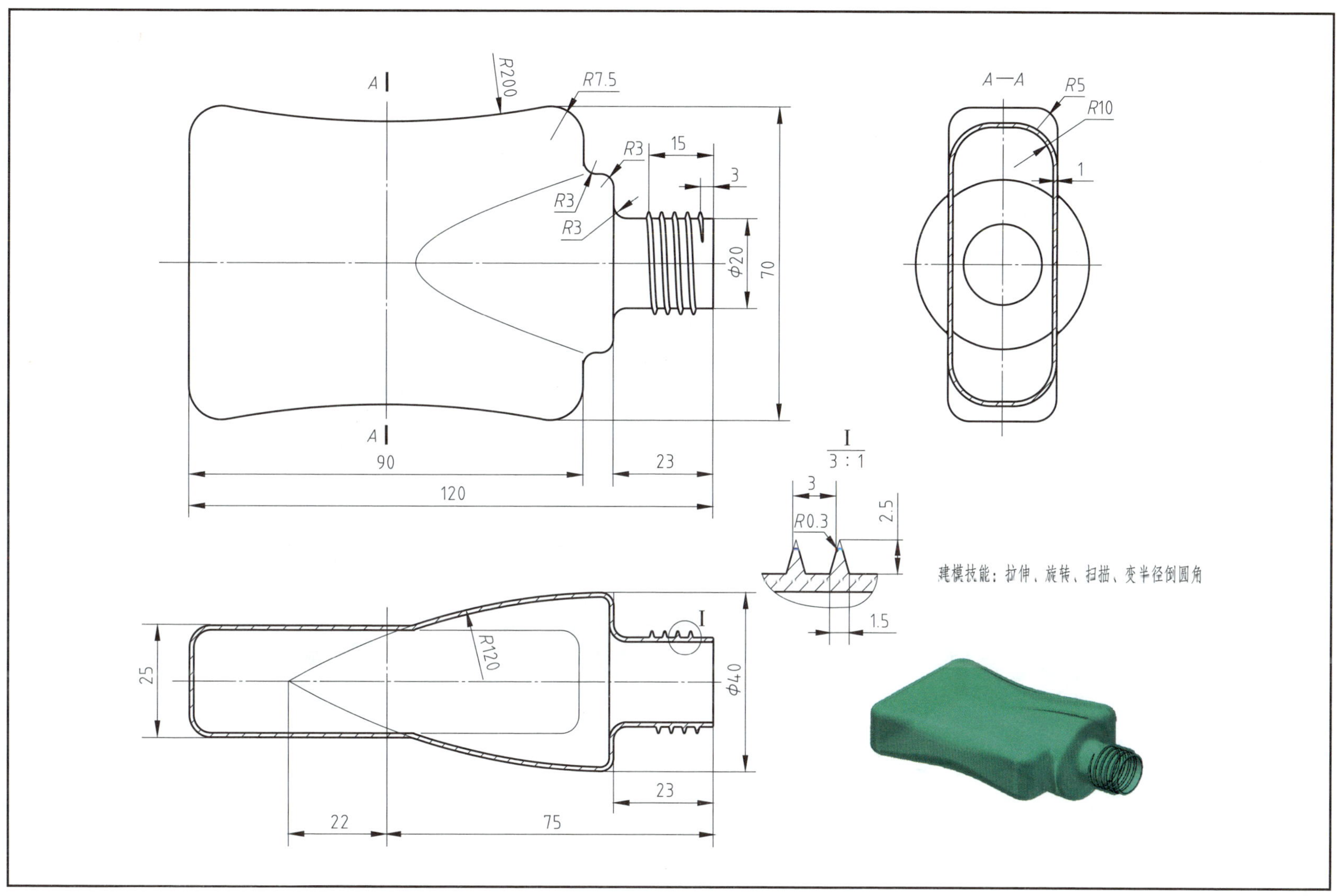

3-3 烟灰缸

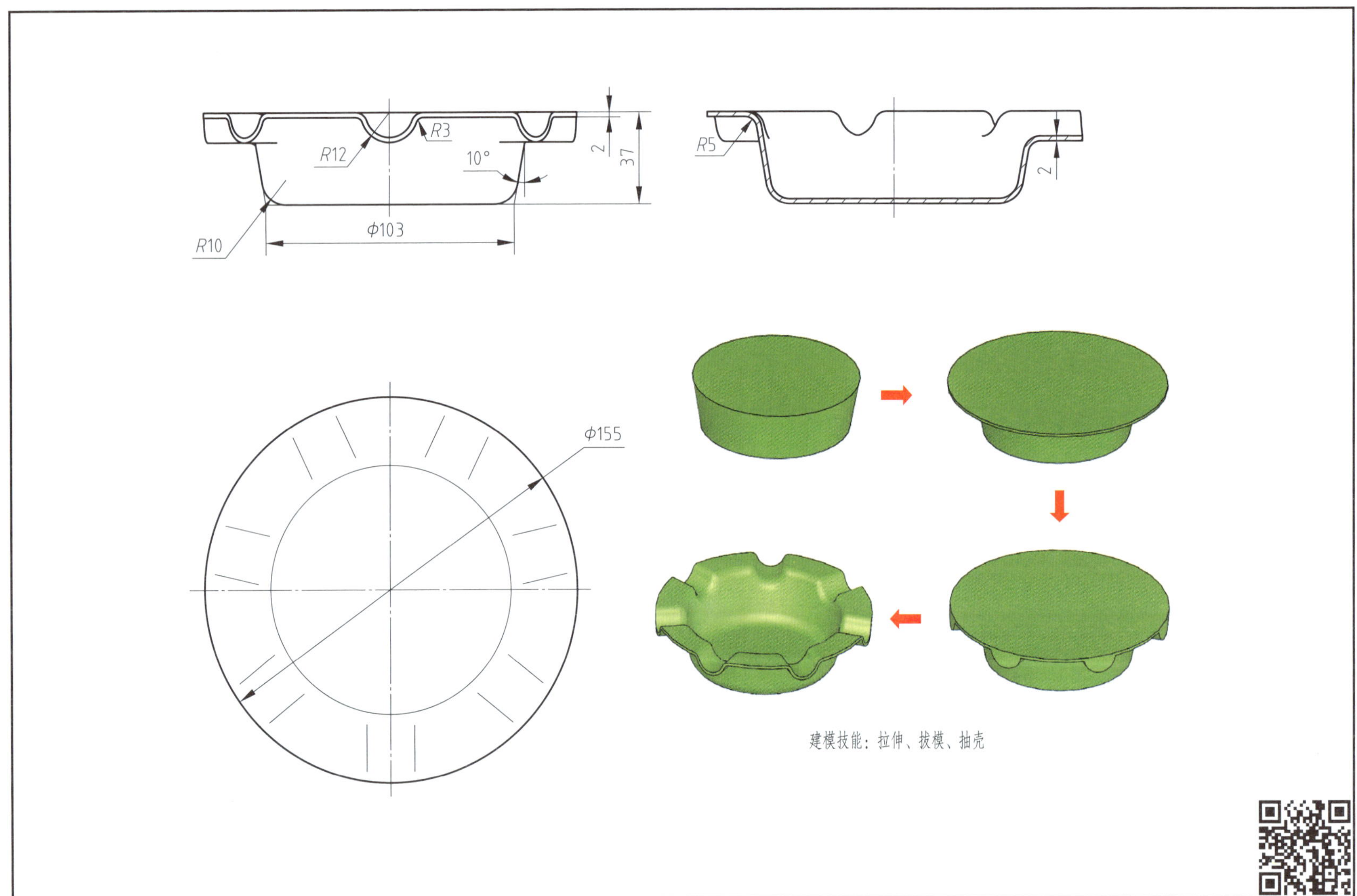

3-4　熏香架

R5
R2
I
2 : 1
1.4
56°
27
11
16
39
40
9.5
2
27.6
50
R2
R10
10
15
17
1
1
1
建模技能：拉伸、抽壳、阵列
5
0.5

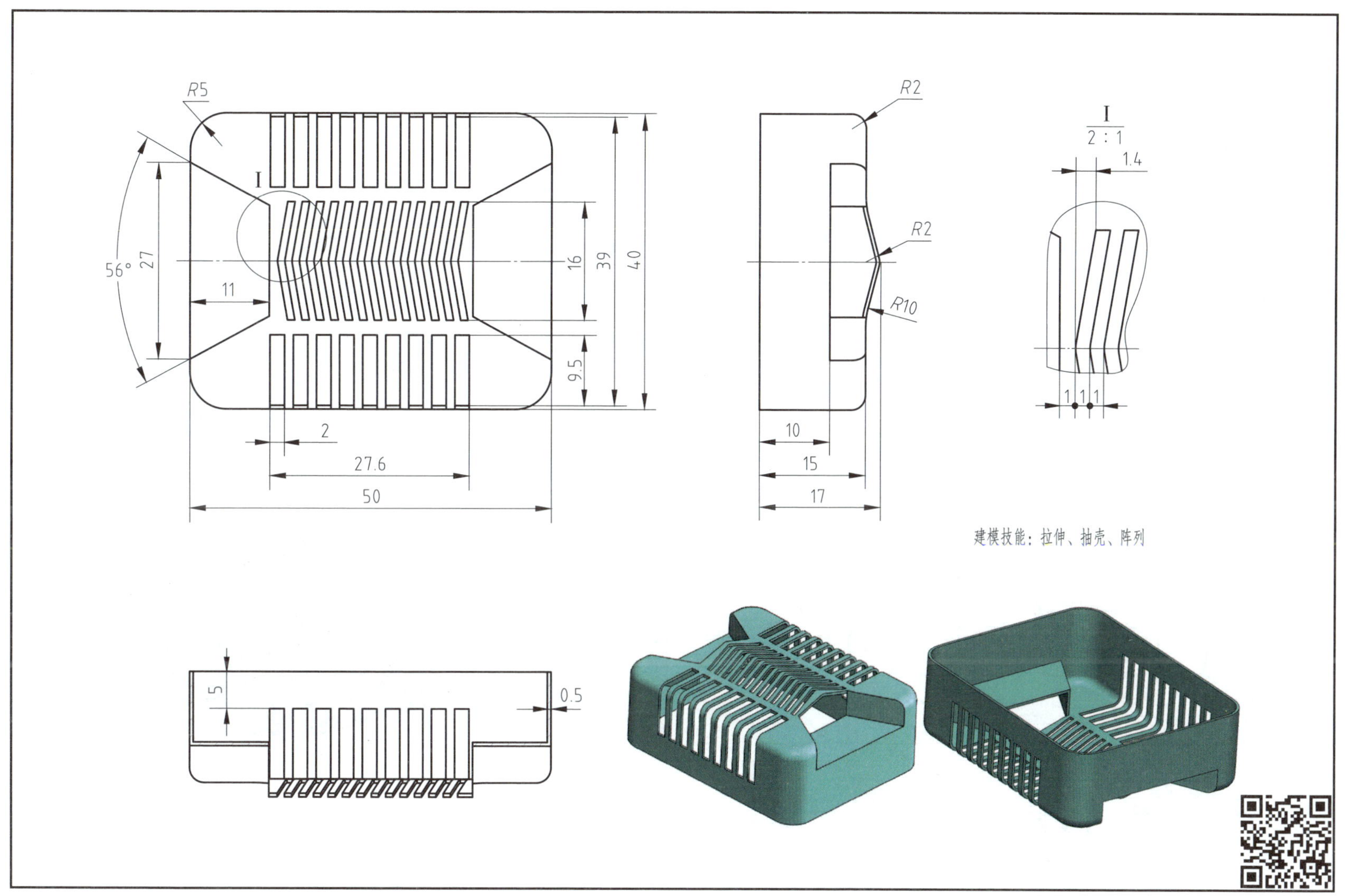

3–5 计算器

A—A
35°
5
R2
35
78°
B
2
R1
86
4
2
88°
5
R2
R10
B
13.5
20
75
A
A
49
3
10
10
R3
3
14
75
95
R10
技术要求
未注圆角为R2。
建模技能：拉伸、阵列

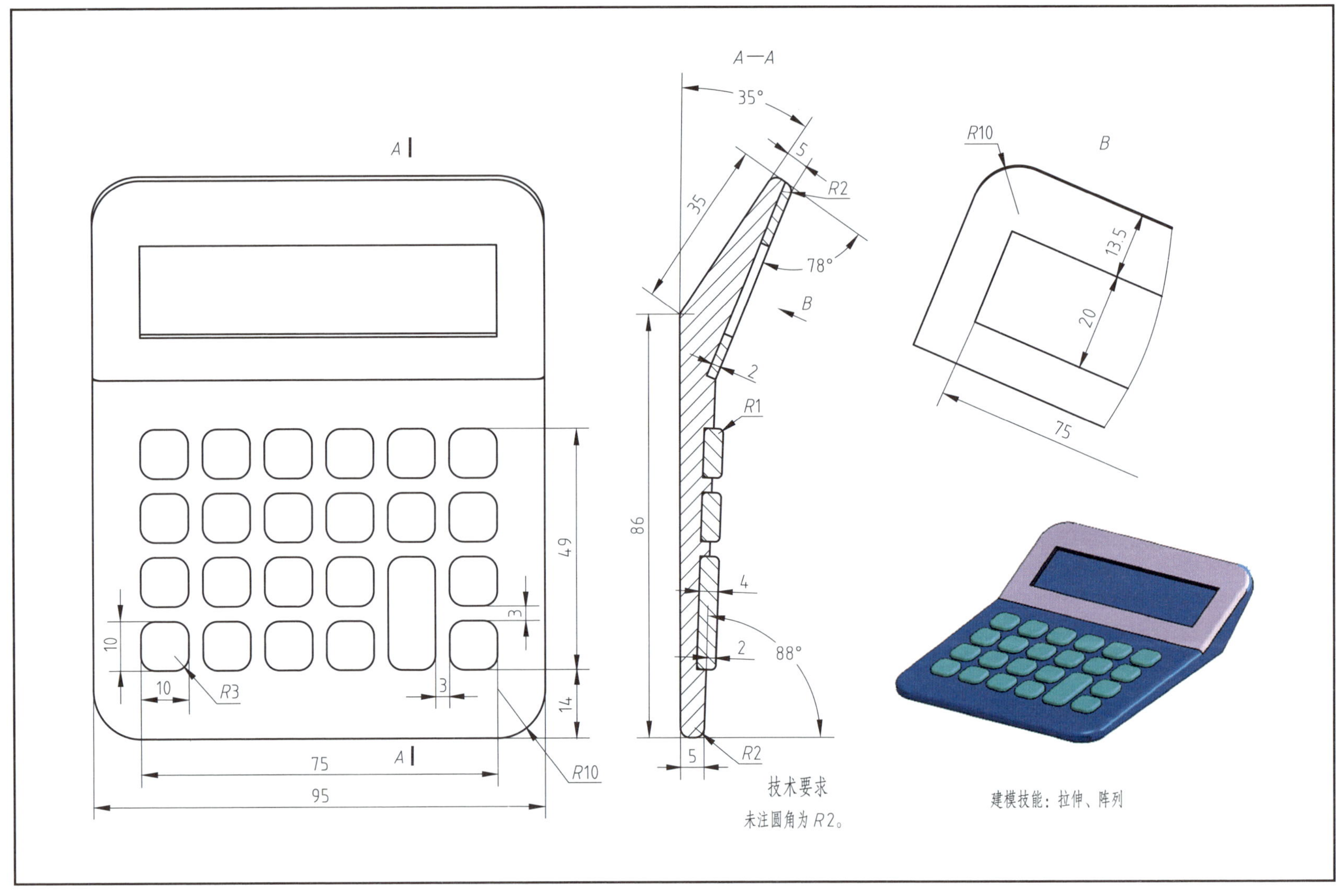

3-6　搓衣板

I
6 : 1
3
R1.5
30
22.5
9
15
180
4
R22
5°
A—A
I
R5
420
675
R20
77.5°
240
108
300
A
A
30
120
30
建模技能：拉伸、扫描、抽壳、阵列

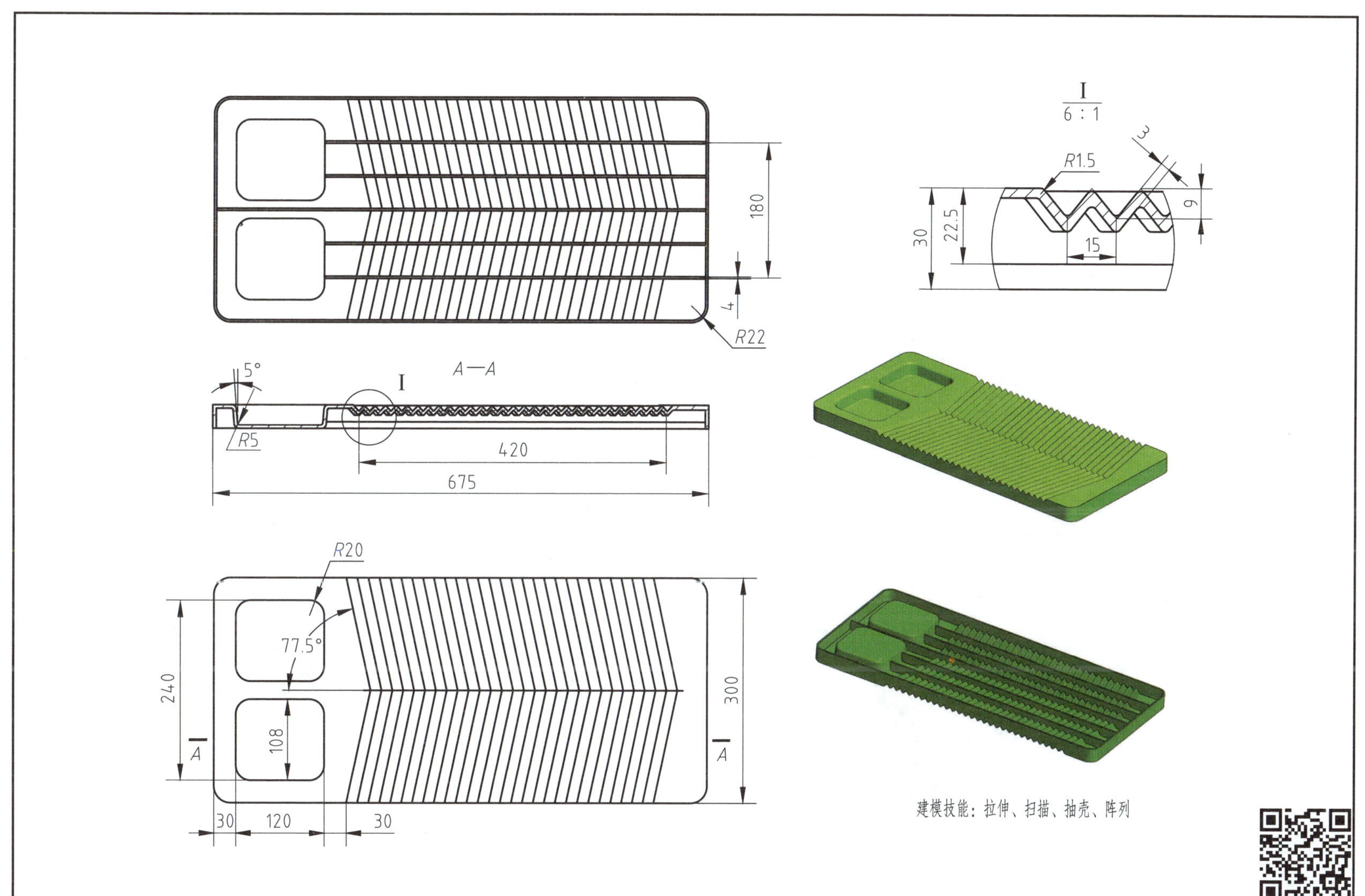

3-7 布尔求交

A
30°
6
28
19
R3
R26
43
R5
2×Φ6
A
R10
16
R19
13.5
R15
R25
32
44
56
30°
4
5
66°
18
R15
Φ24
9
65°
R15
6
10
15
12
17
建模技能：拉伸、布尔求交、圆顶

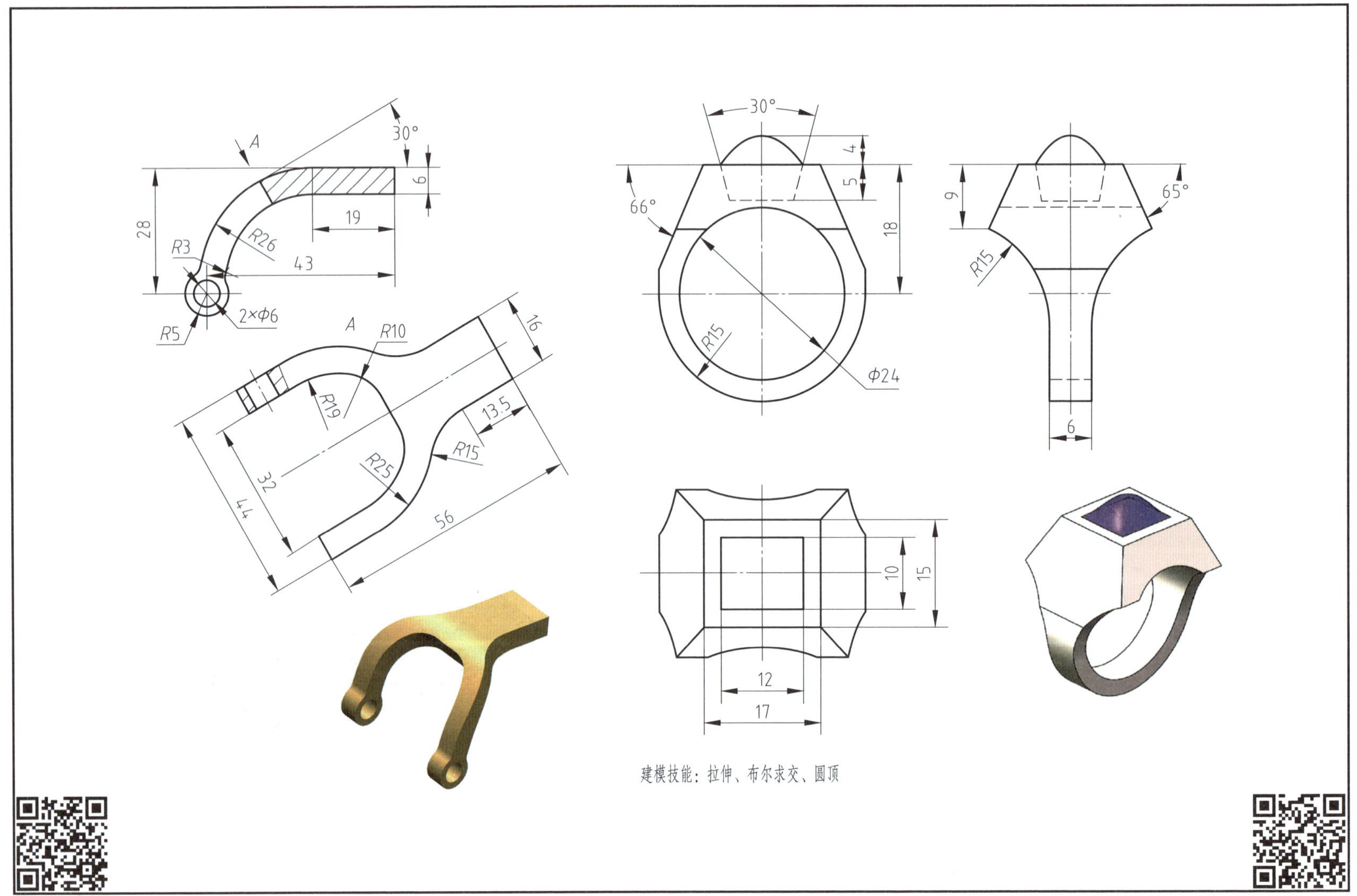

3-8 链条和瓶盖

φ15
φ6
R30
25
2
18
19
φ10
技术要求
样条线自定。
R12
n=8
4
30
2
M44×2
R1
φ50
R3
φ46
建模技能：旋转、扫描切除、圆周阵列、曲线驱动的阵列

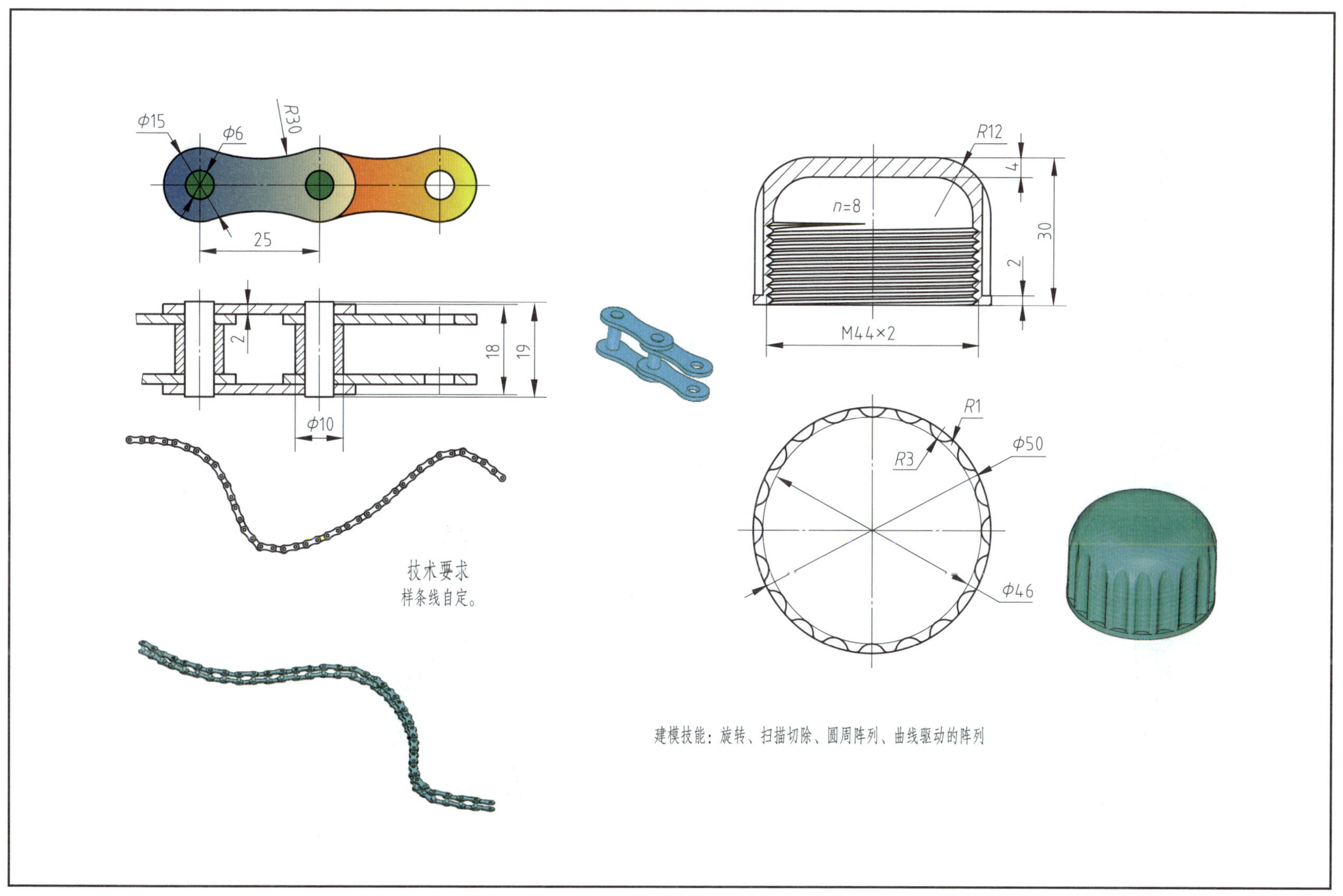

3-9　变形吊钩

Φ18
20
Φ25
80
57.5
365
Φ35
120
Φ25
30
R1
目标曲线(组合曲线1)
初始曲线
变形操作
50
R33
40
R30
25
R60
250
M18×2
Φ15
4
30
30
建模技能：变形、旋转、拉伸

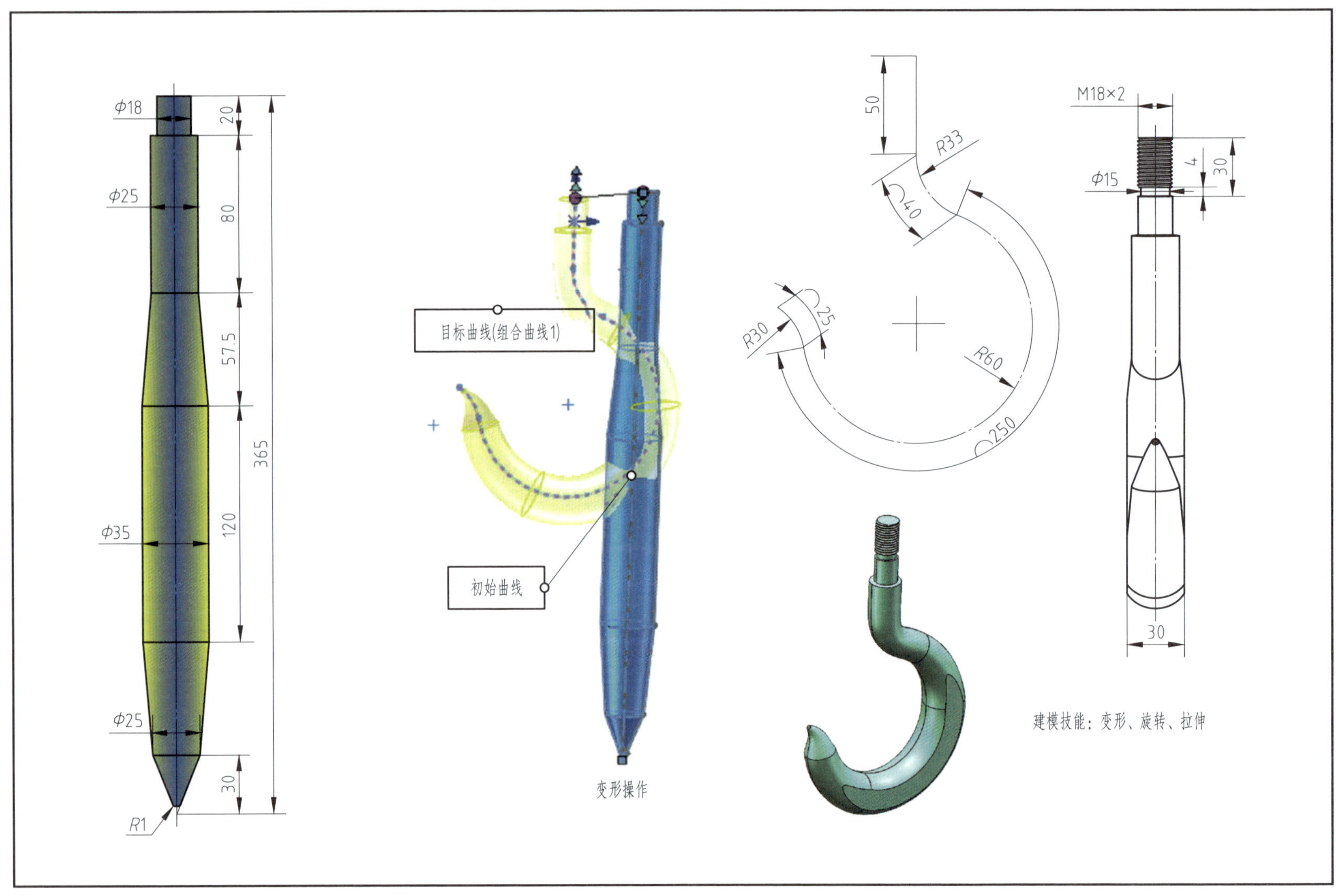

3-10　奖杯

SΦ100
Φ45
Φ60
Φ16
Φ40
Φ30
245
150
8
15
25
9°
A
60
60
给梦一双翅膀
技术要求
文字“给梦一双翅膀”内凹深度为0.3。
建模技能：拉伸、旋转、放样、弯曲、包覆

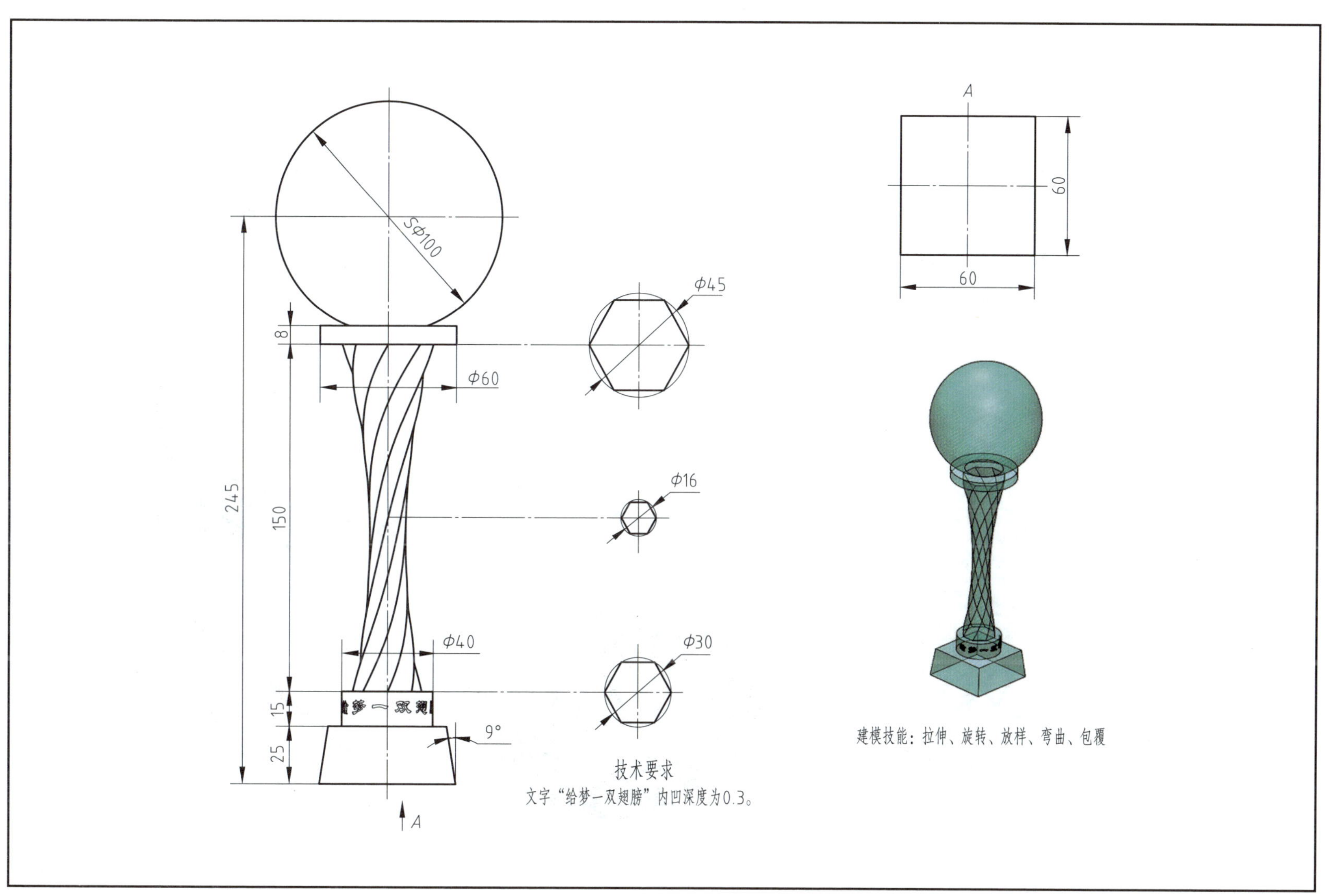

3–11　花篮

44
48
R26
SR50.5
Φ96
技术要求
1. 圆周阵列24个。
2. 单向薄壁（向外0.5）拉伸，对称薄壁（1）旋转。
建模技能：拉伸、旋转、求交、圆周阵列
R26
48
50
SR50

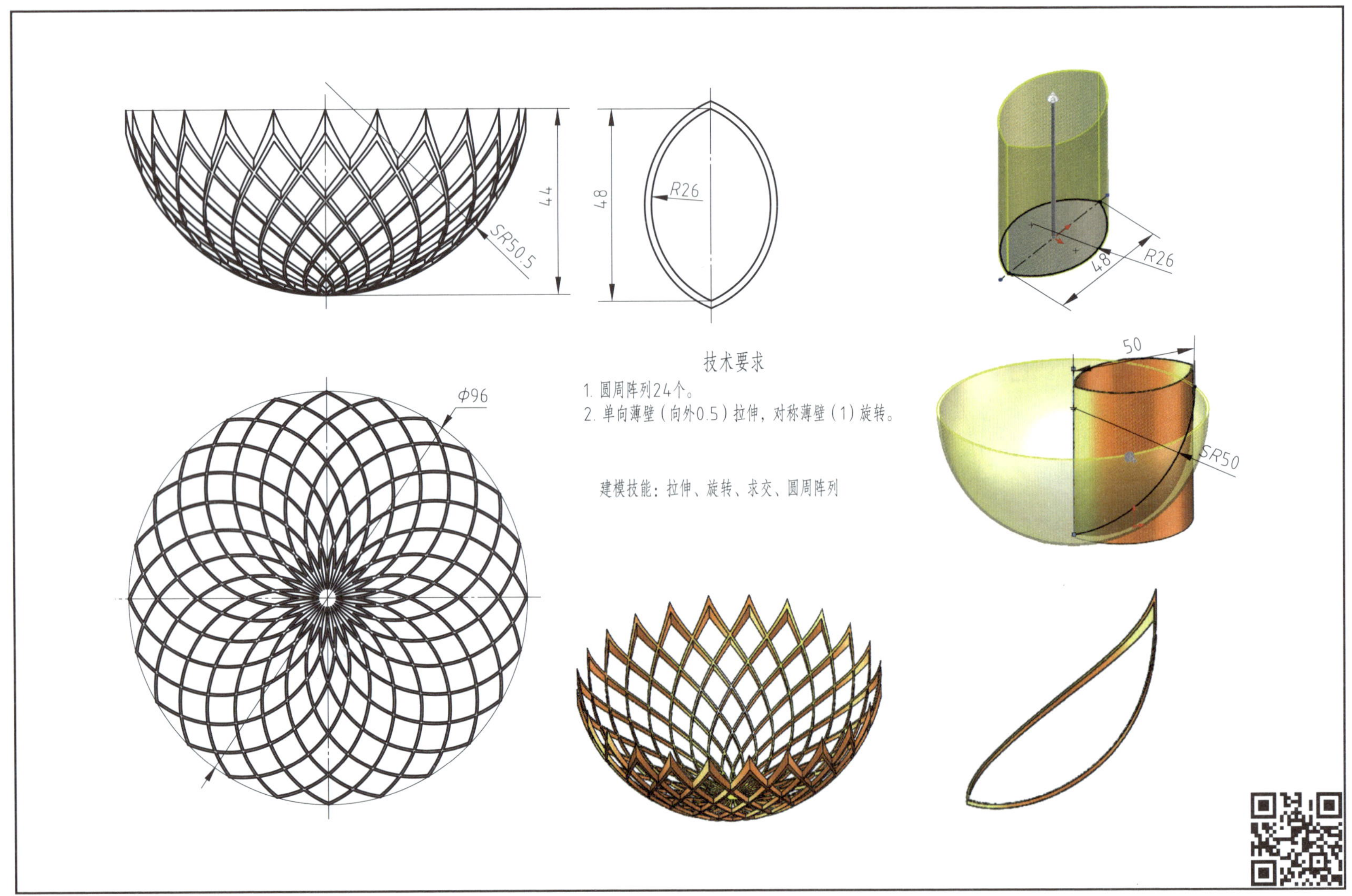

第四章　扫描与放样建模

4-1　弯槽

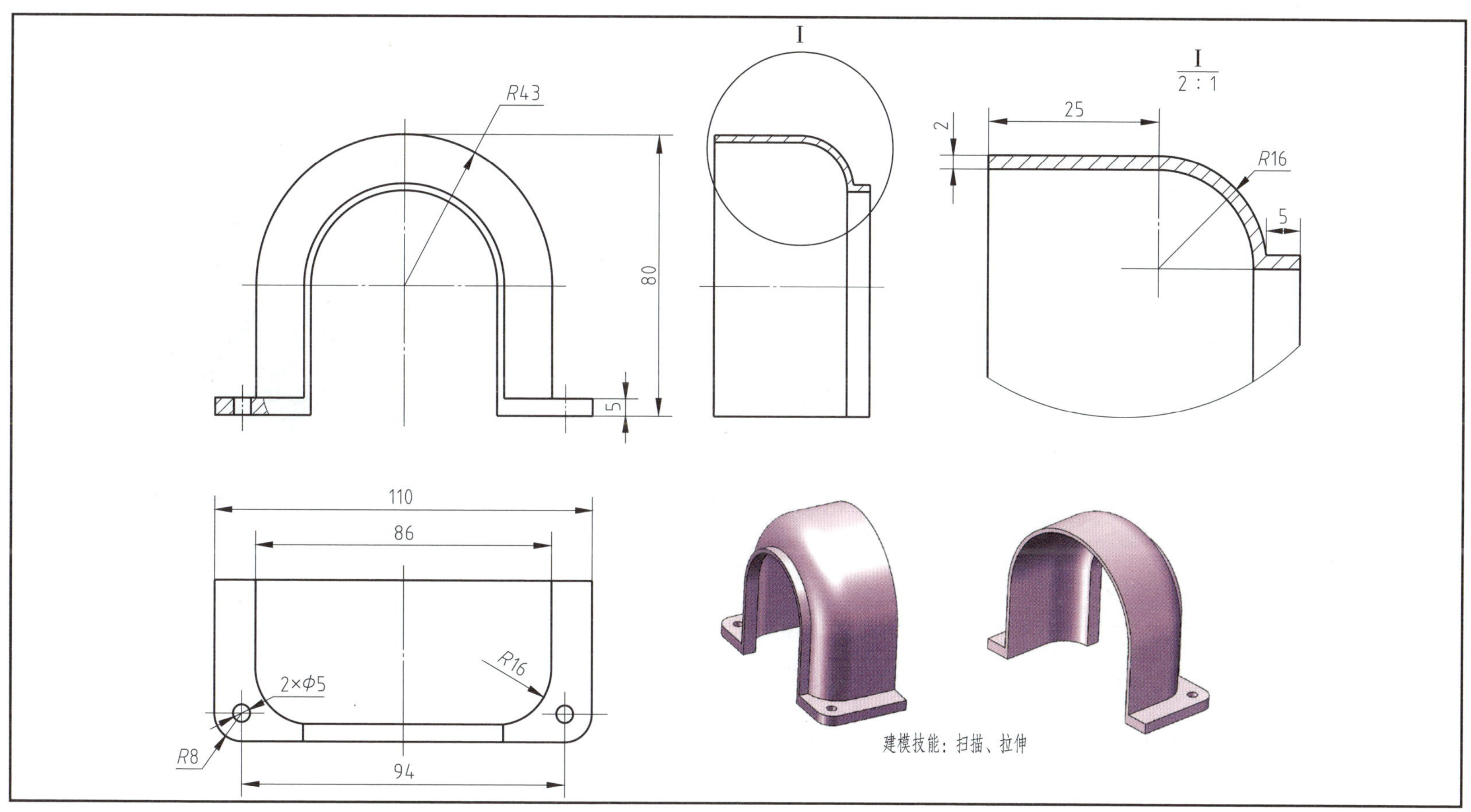

4–2　支架零件

8
6
18
R5
30
20
R25
130
Φ16
Φ30
65
15
65
3
R2
10
80
120
155
M30×2
Φ16
2×Φ15
30
建模技能：拉伸、扫描、扫描切除

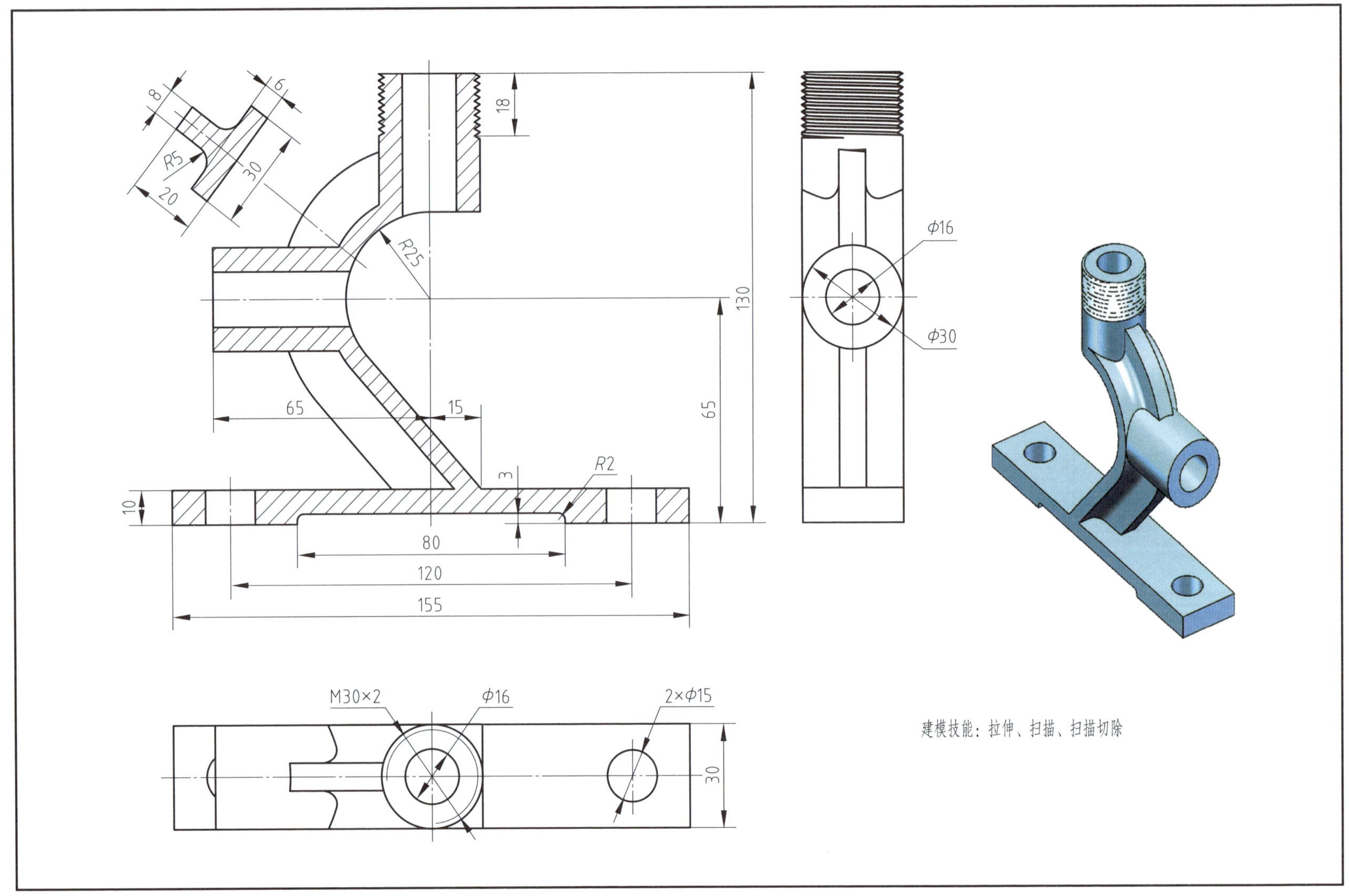

4–3　通风管

B
B
B—B
R30
R30
R30
8
R92
R180
160
180
10
100
140
80
120
350
6×ϕ18
180
220
400
580
技术要求
未注圆角为R10。
建模技能：拉伸、扫描、放样、抽壳

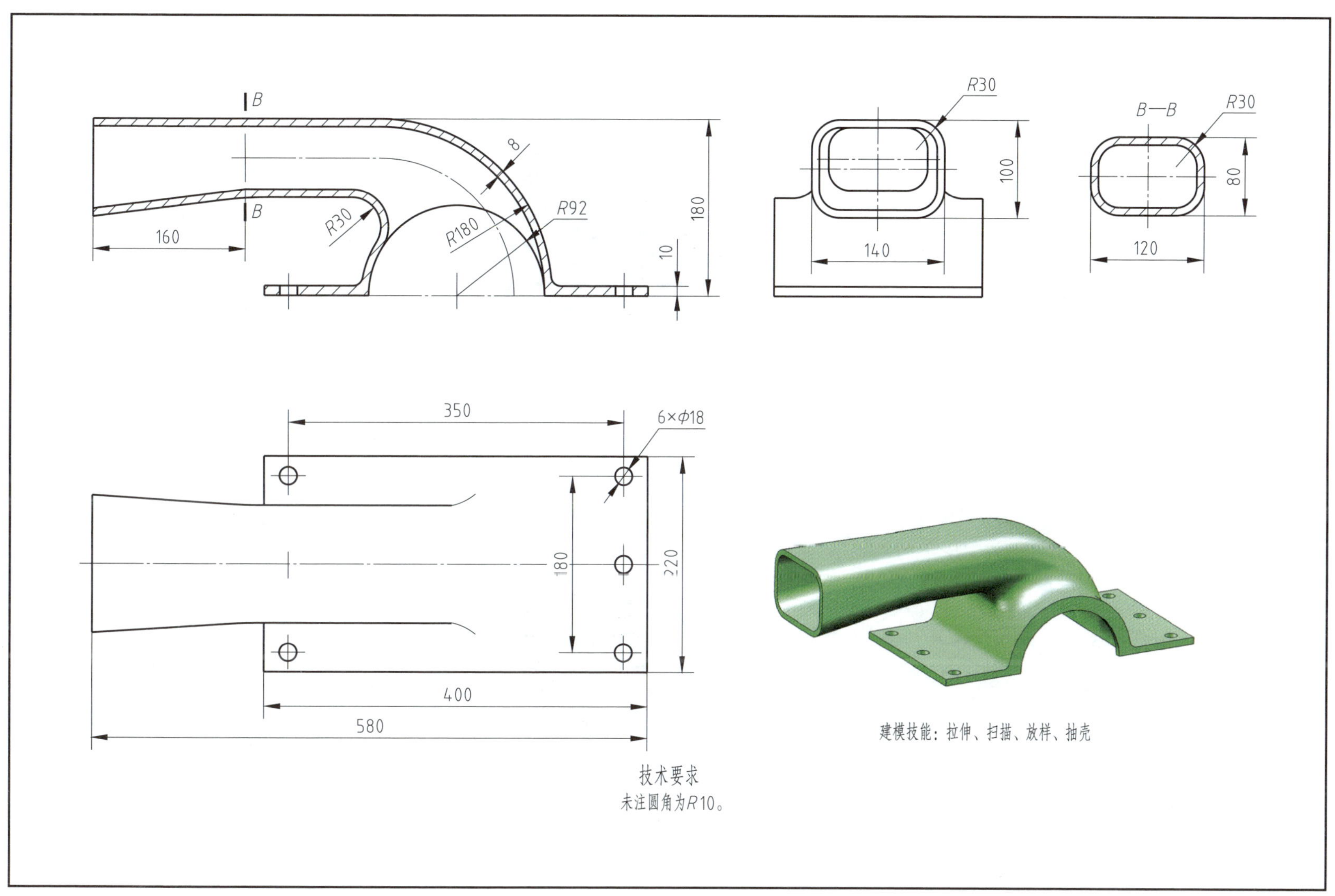

4-4 灯罩和话筒

(25,60)
(35,40)
(45,20)
70
1
L_1
L_2
O(0,0)
L_3
L_4
Φ10
R3
R10
Φ150
Φ93
SR15
2
60
80
110
4
10
50
50
R15
技术要求
1. 曲面采用放样（沿4条样条线放样）方式进行建模。
2. 样条曲线（L_1~L_4）分别与上、下轮廓线穿透。
建模技能：放样、圆顶
技术要求
两端圆顶高度为15。

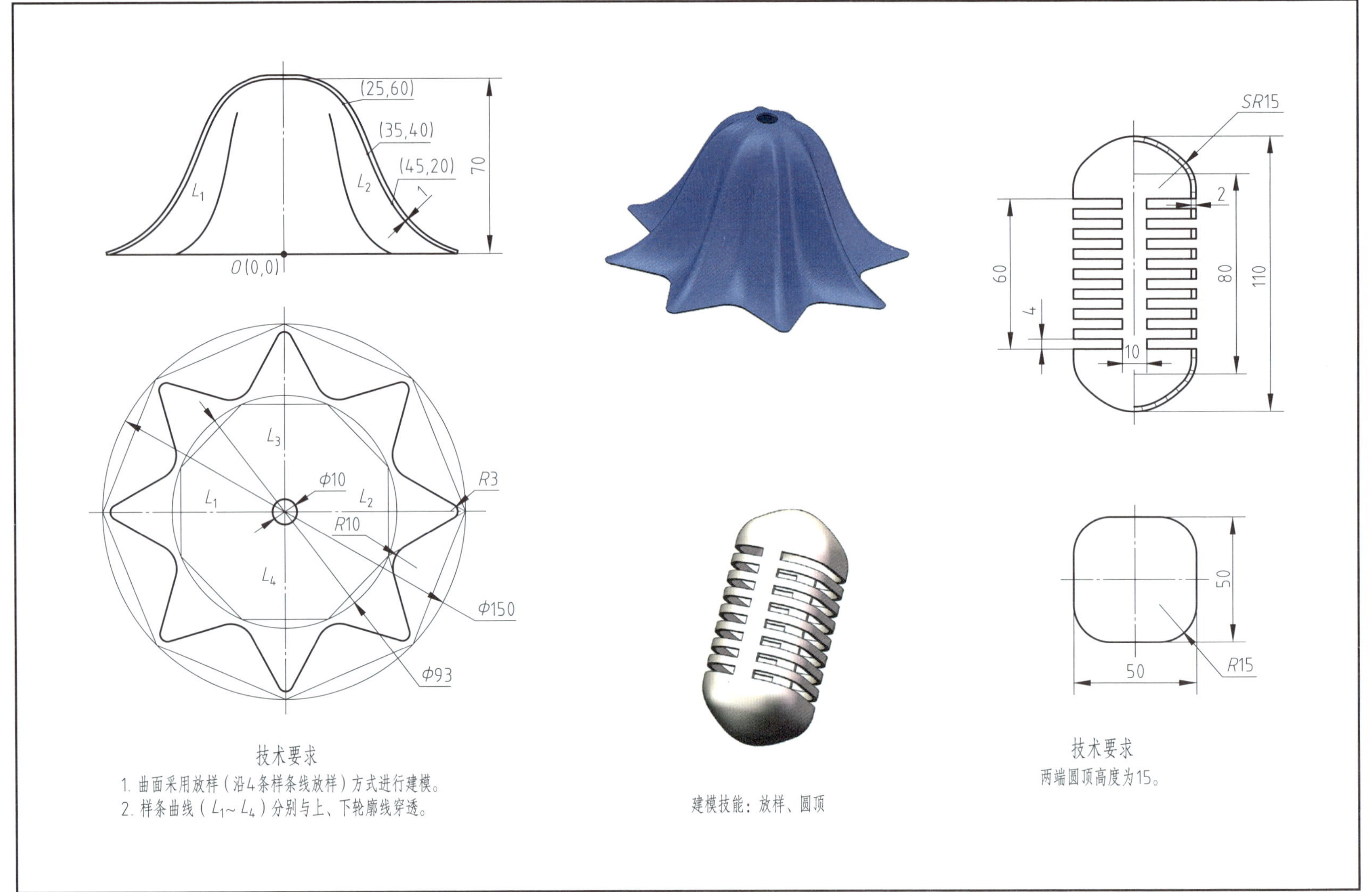

4-5 手柄和键盘盖

2×φ20
180
R20
R2
φ25
R160
φ30
R6
35
10
20
0.5
R25
R1
0.5
30°
6.5
R2
18
18
2
建模技能：引导线扫描
建模技能：拉伸、曲面分割实体

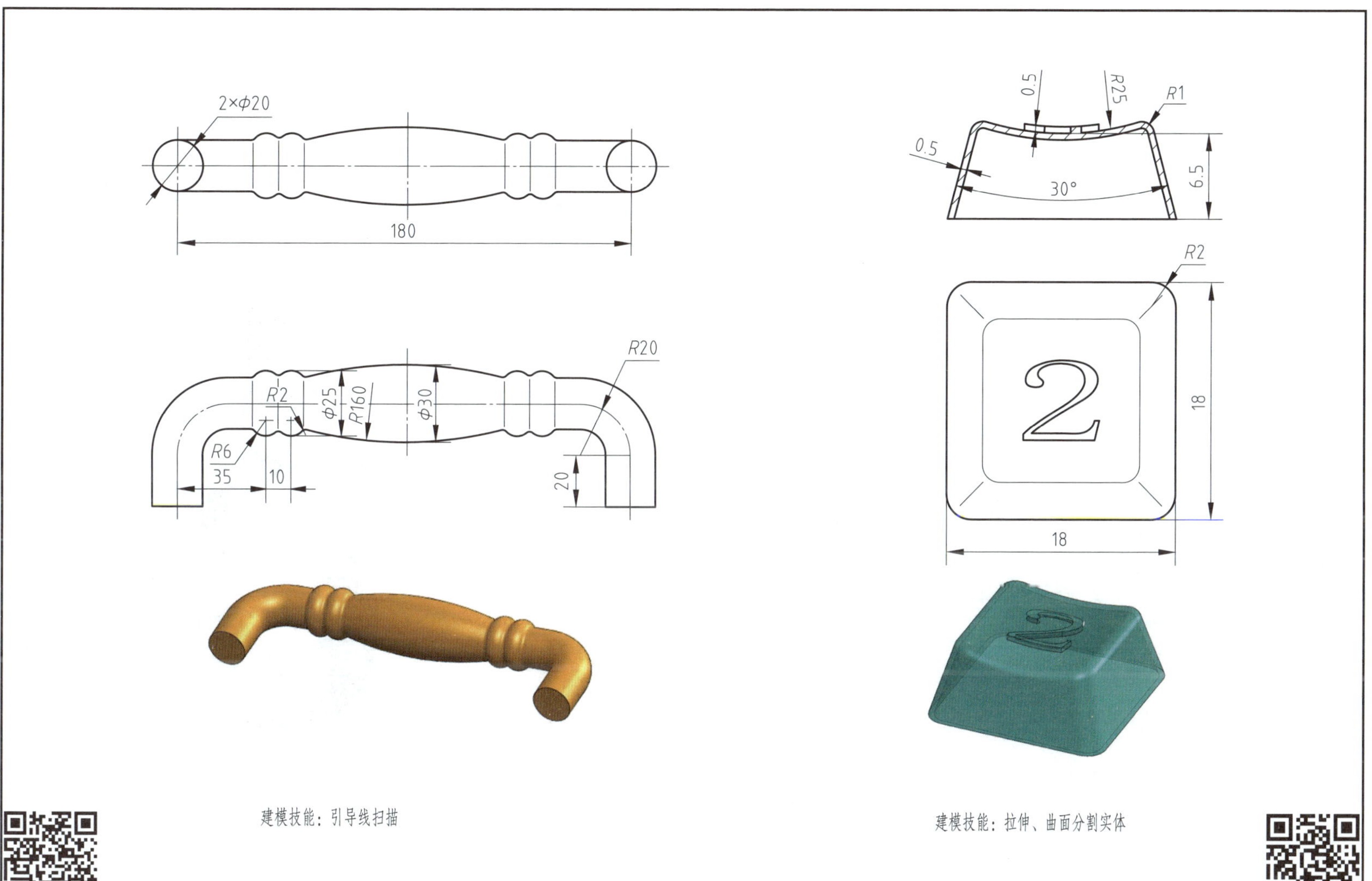

4-6　吊钩

M22×2
35
5
190
130
Φ16
Φ22
Φ30
R20
Φ30
20
Φ18
Φ30
R35
40
Φ30
69
R70
Φ45
Φ45
20°
40
技术要求
1. 未注圆角为R5。
2. 未注倒角为C1。
建模技能：中心线放样、填充曲面、封闭曲面转实体

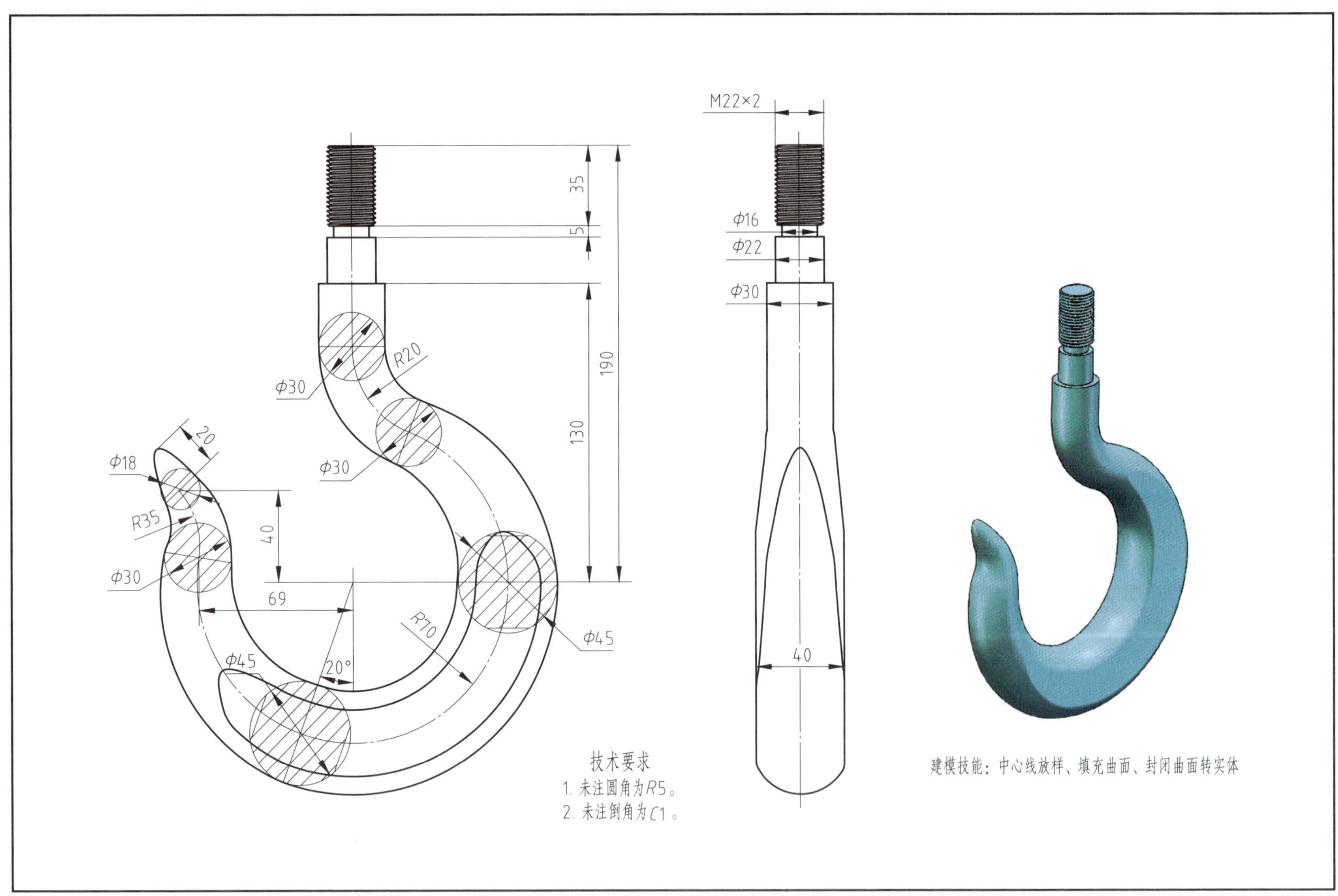

4-7 铣刀和旋具

100
5
205
φ18
φ17
14×14
20
8
7
φ20
建模技能：旋转、扫描（或弯曲）
A
2:1
R2
6
10
20
R12
B
R20
R3
φ6
A
R52
1.5
B
100
200
360
B—B
R20
R4
φ52

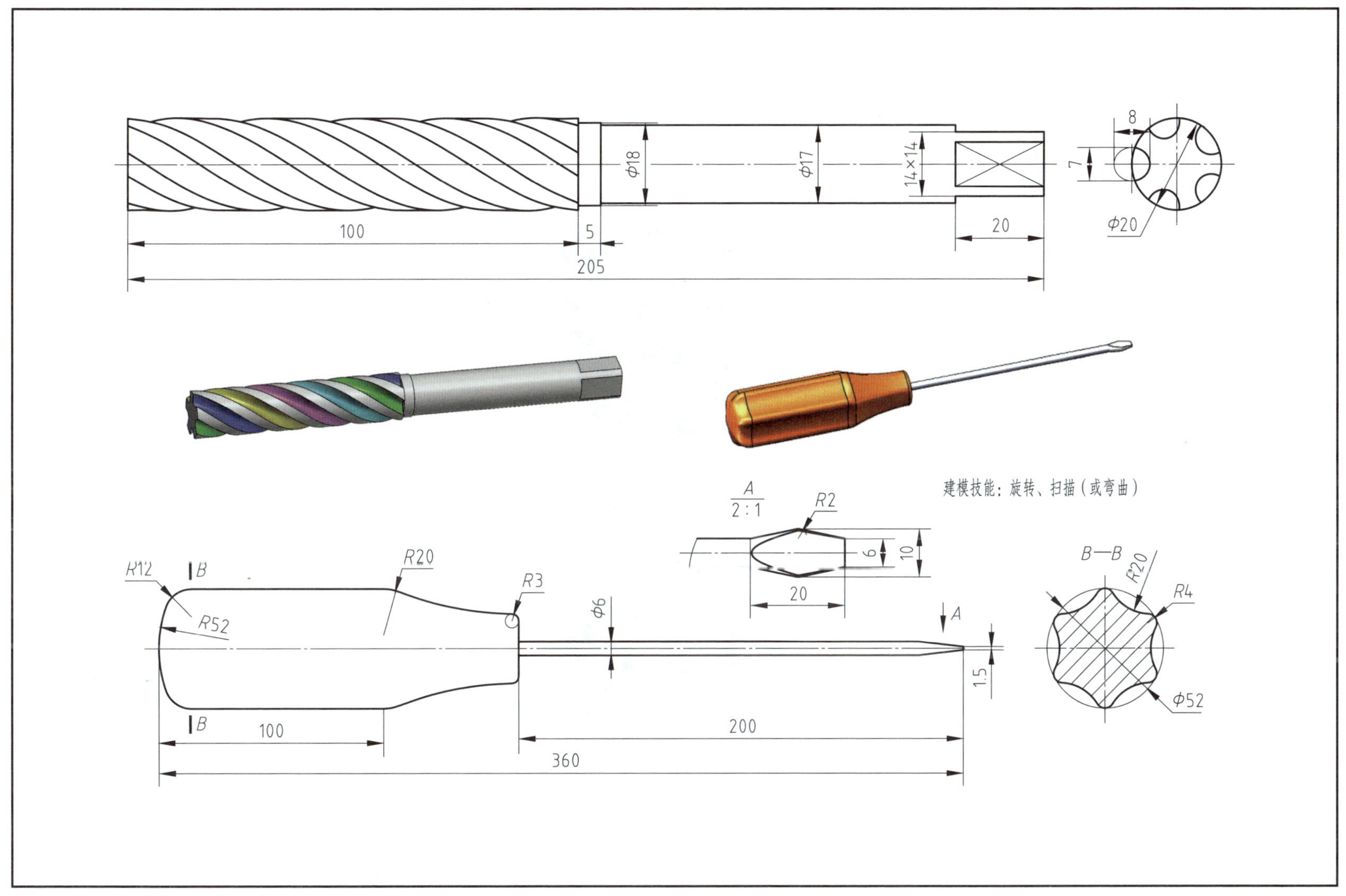

4-8 花盆

A
100
100
200
扫描引导线
B
1.5
R8
1
3
C
Φ100
扫描截面轮廓
Φ130
28
Φ15
R10
技术要求
实体扭转45°。
放样截面轮廓
45°
A截面=C截面放大1.45倍，旋转45°
B截面=C截面放大1.38倍，旋转22.5°
Φ130
C截面
R10
建模技能：引导线扫描（或放样）、扭转、抽壳

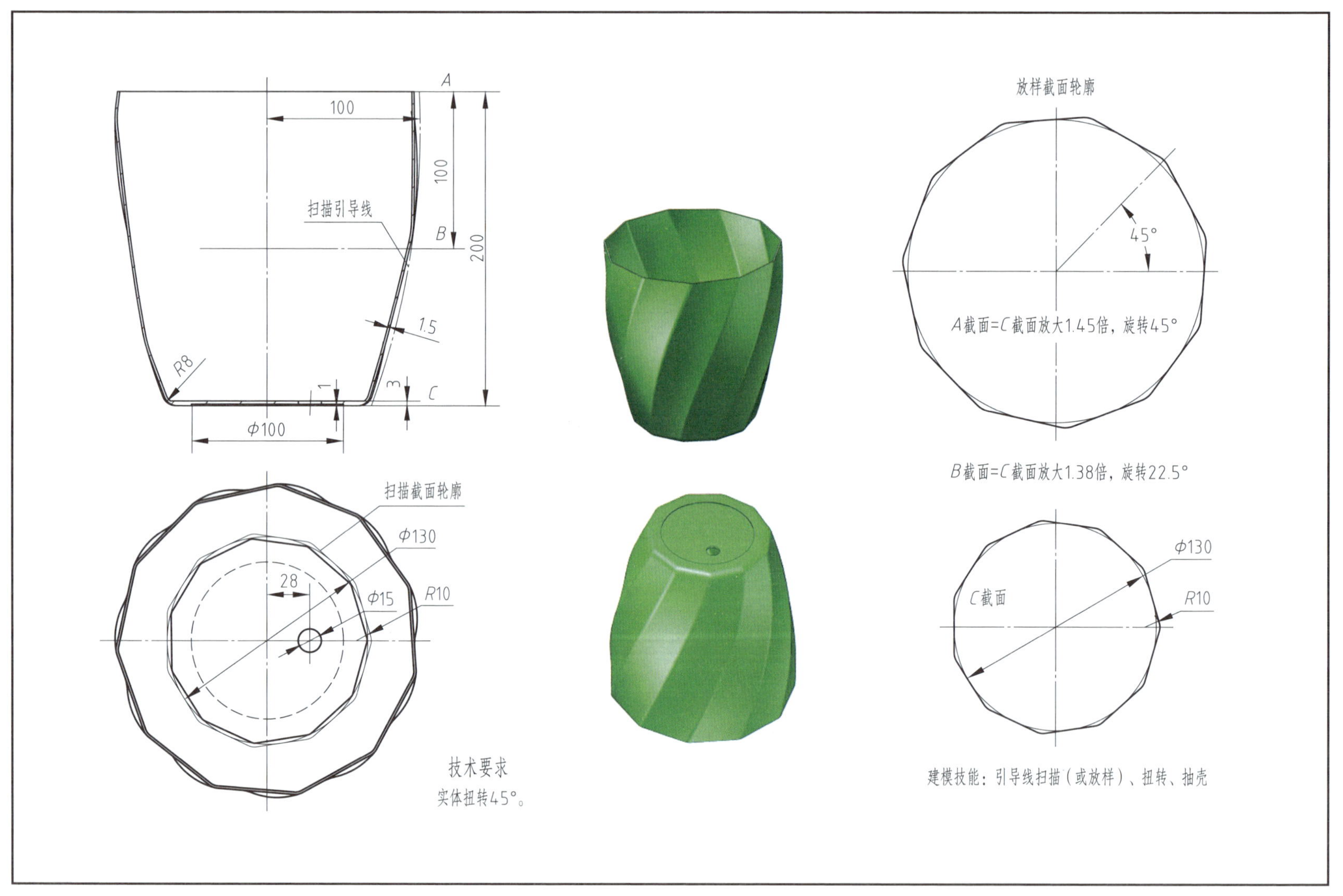

4-9　扭转茶杯

H
O(0,0)
2
105
A
B
F
F
E
D
C
R2
G
O(0,0)
A(30,-20)
B(68,-15)
C(56,-80)
D(13,-80)
E(15,-75)
H
Φ75
R6
R18
F—F
10
15
G
Φ60
R4.8
R14.4
建模技能：扫描、放样、抽壳

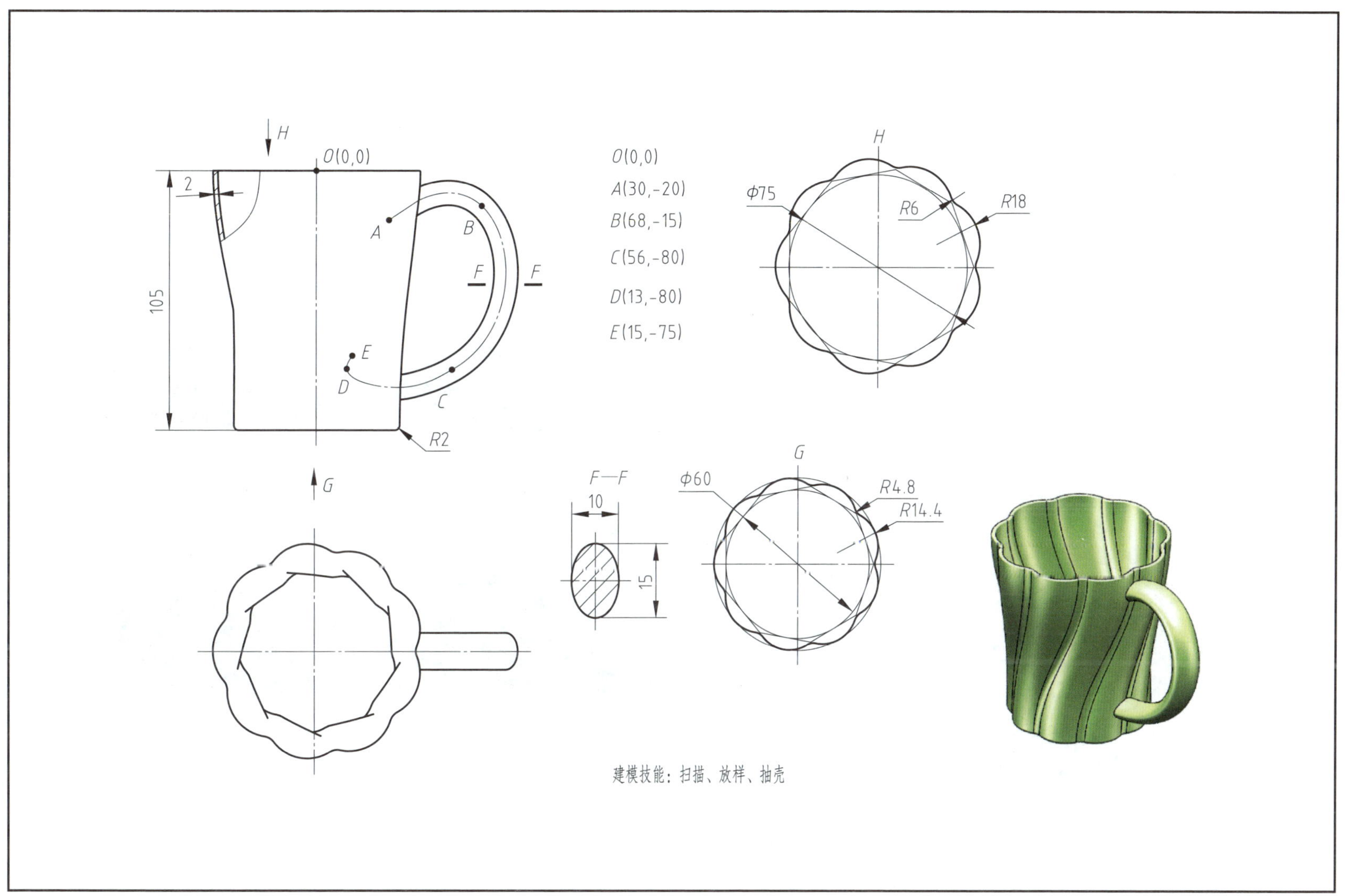

4-10 飞机 1

翅膀拉伸截面轮廓
SR13
R15
R10
R5
R1.5
R3
A—A
放样截面轮廓
R2.5
R2
34°
95°
建模技能：拉伸、放样、镜像、拔模

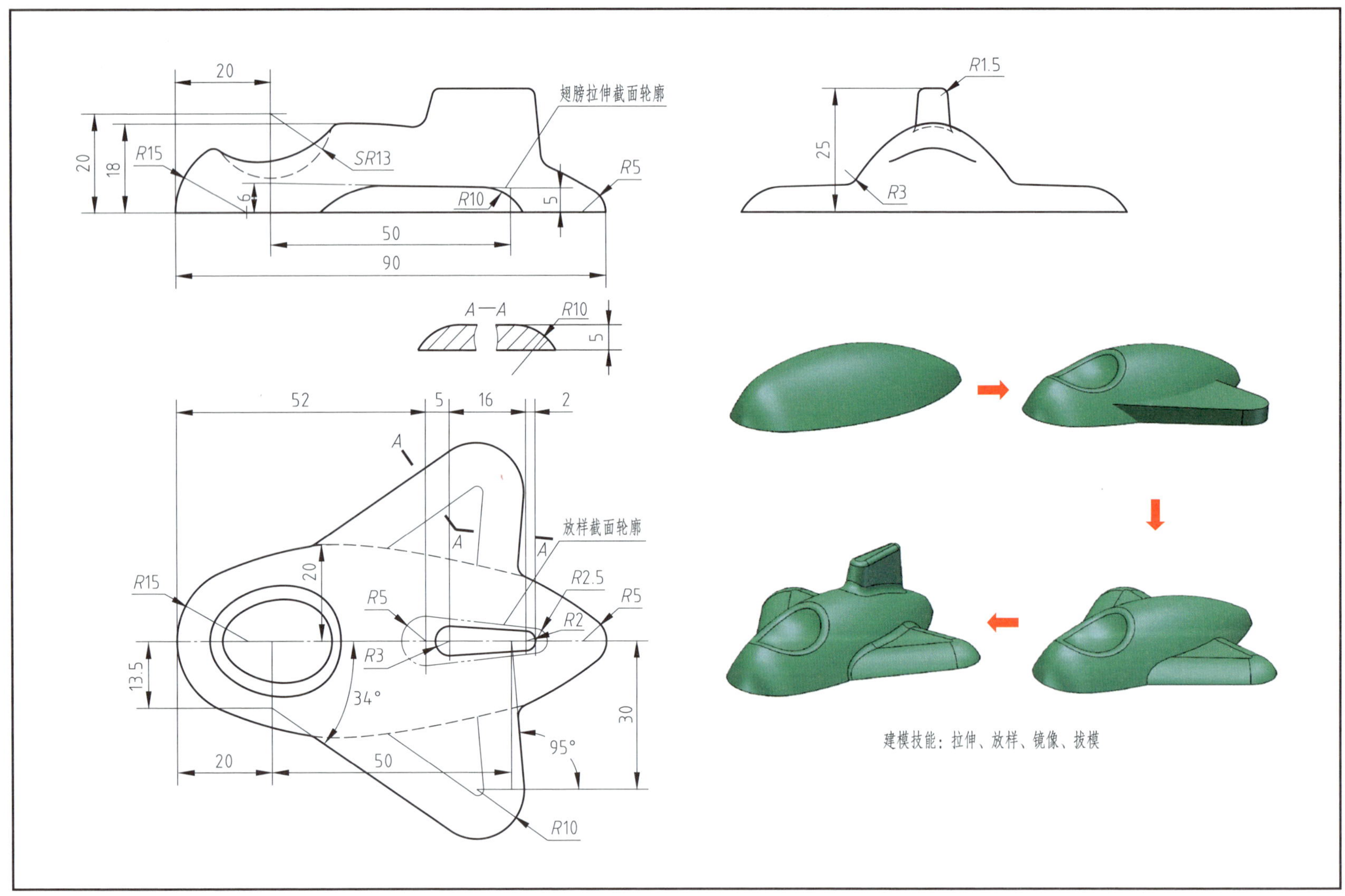

4-11 飞机 2

R152
15.2
R76
1
翅膀扫描截面轮廓
76
2.75
3.5
152
10.5
52
15
8
椭圆弧
椭圆弧
12
R10
B—B
R16
1.5
B
ϕ15
94
A
A—A
R12
B
B
R180
52
21
36.5
A
12
15
建模技能：引导线扫描、旋转、圆顶

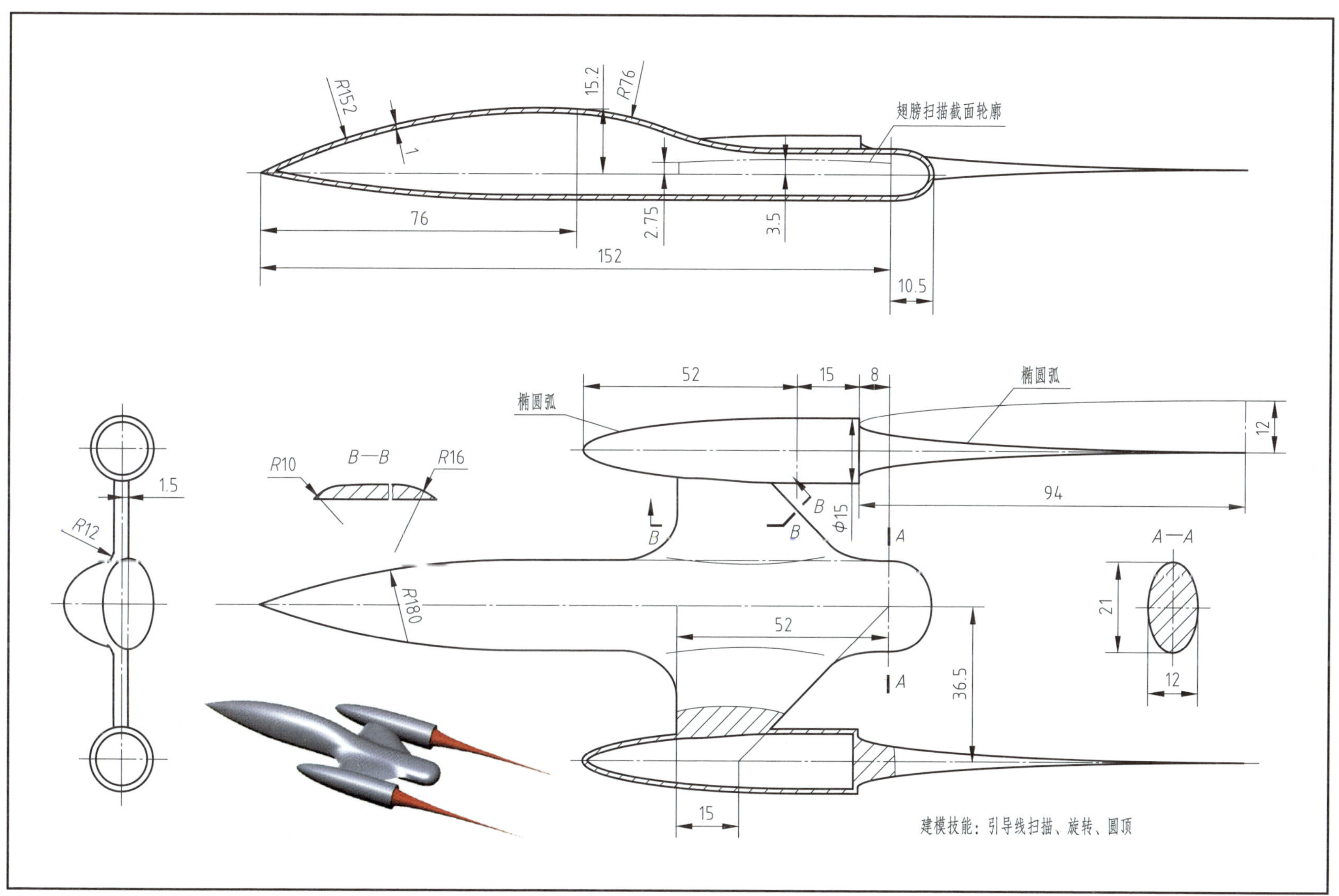

4–12 水龙头手柄和异型椭圆环

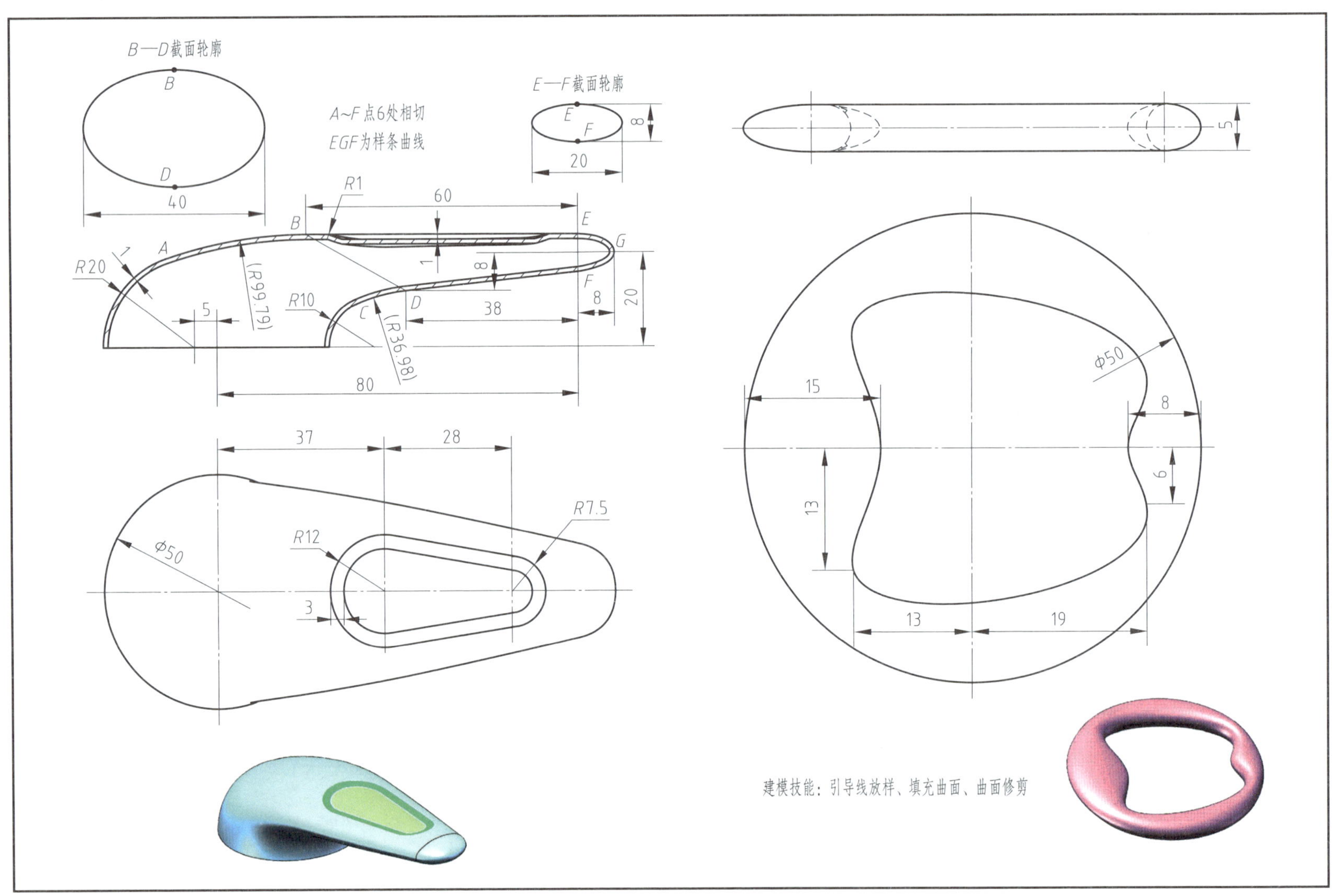

4-13 茶壶

Φ180
15
8
30
200
1.5
A
M
R1
1.5
R140
切点
MN曲线节
点坐标
(100,172)
(210,130)
(175,25)
(88,35)
R130
E
E
3
AB曲线节
点坐标
(-240,210)
(-210,170)
(-190,130)
(-170,86)
(-143,70)
(-80,60)
B
R3
R3
R3
N
4
D
O(0,0)
SR6
Φ120
Φ300
曲线法向截面轮廓
A
Φ5
B
64
80
E—E
40
16
D
R5
38
厚德
载物
Φ90
42
技术要求
文字“厚德载物”内凹深0.3。
建模技能：放样、扫描、旋转、曲面分割

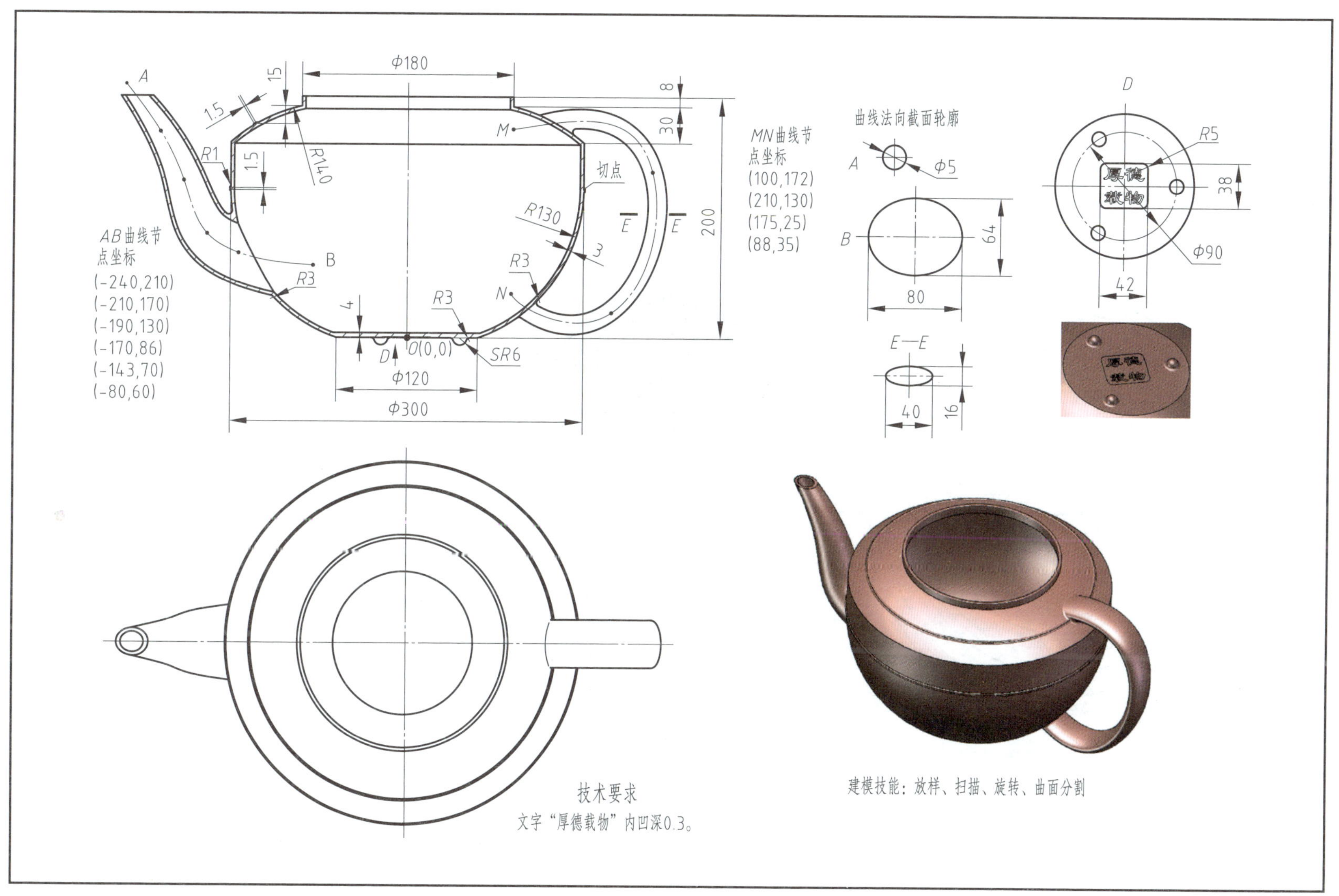

4-14 蚊香和咖啡杯

4
6
Φ15
涡状线：基圆为Φ15，螺距为14，起始角为0°，共5圈
建模技能：拉伸、扫描、旋转
33
R1
2
R12
A
A
45
32°
R15
R4
2
Φ44
36
A—A
2：1
Φ60
6
3

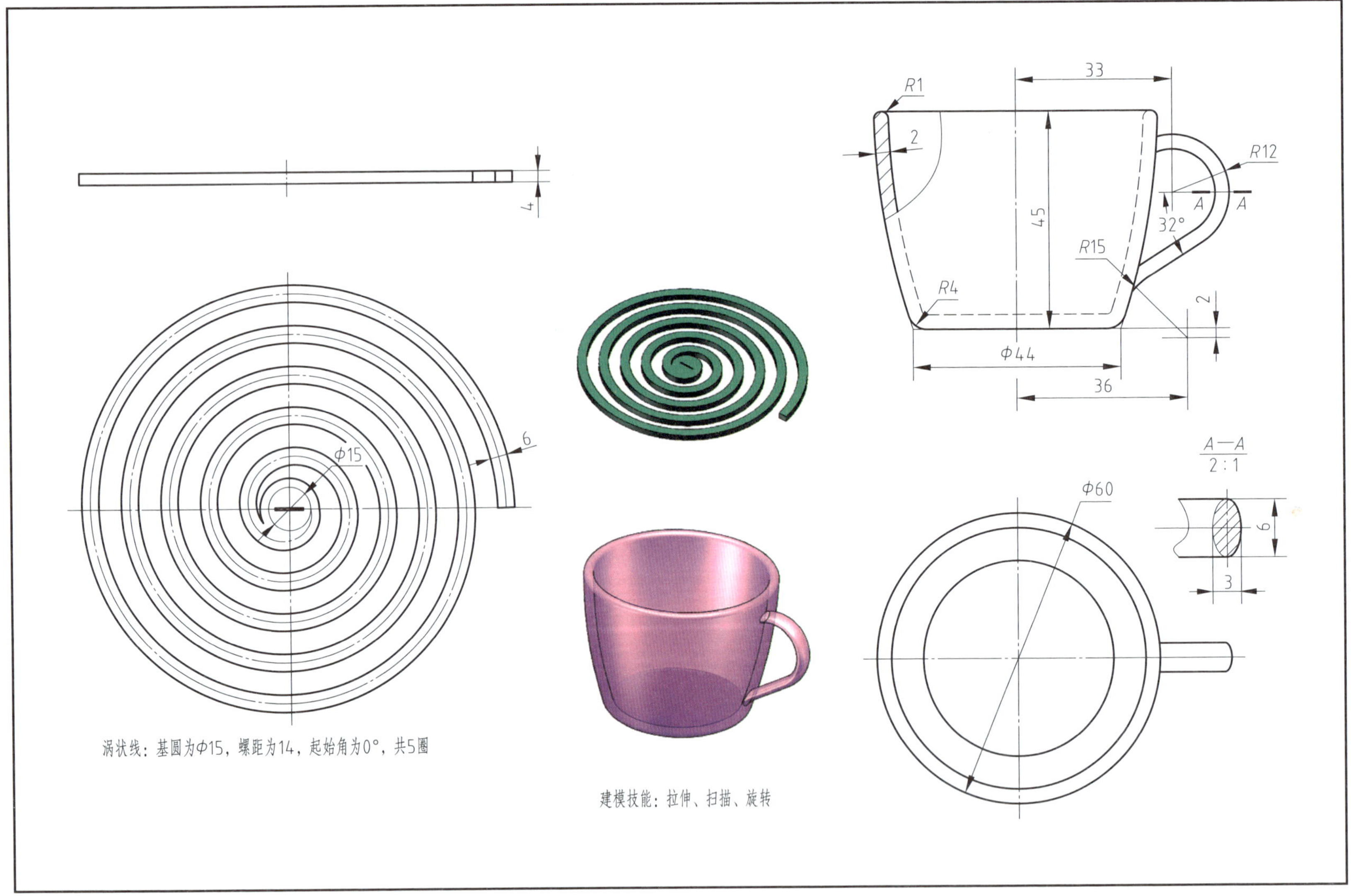

4-15　花瓶和水杯

A
□24
R6
光荣
劳动
路径
R3
1
□30
70
R35
1
160°
R23
23
R3
0.3
1
A
□40
□25
I
4:1
2
2
2
R2
Φ155
O(0,0)
A(-34,229)　B(-116,197)
C(-137,110)　D(-64,54)
A
B
Φ15
Φ140
C
Φ200
D
100
100
300
I
原点
O(0,0)
Φ160
Φ180
R50
R20
120
建模技能：扫描、拉伸、放样、抽壳

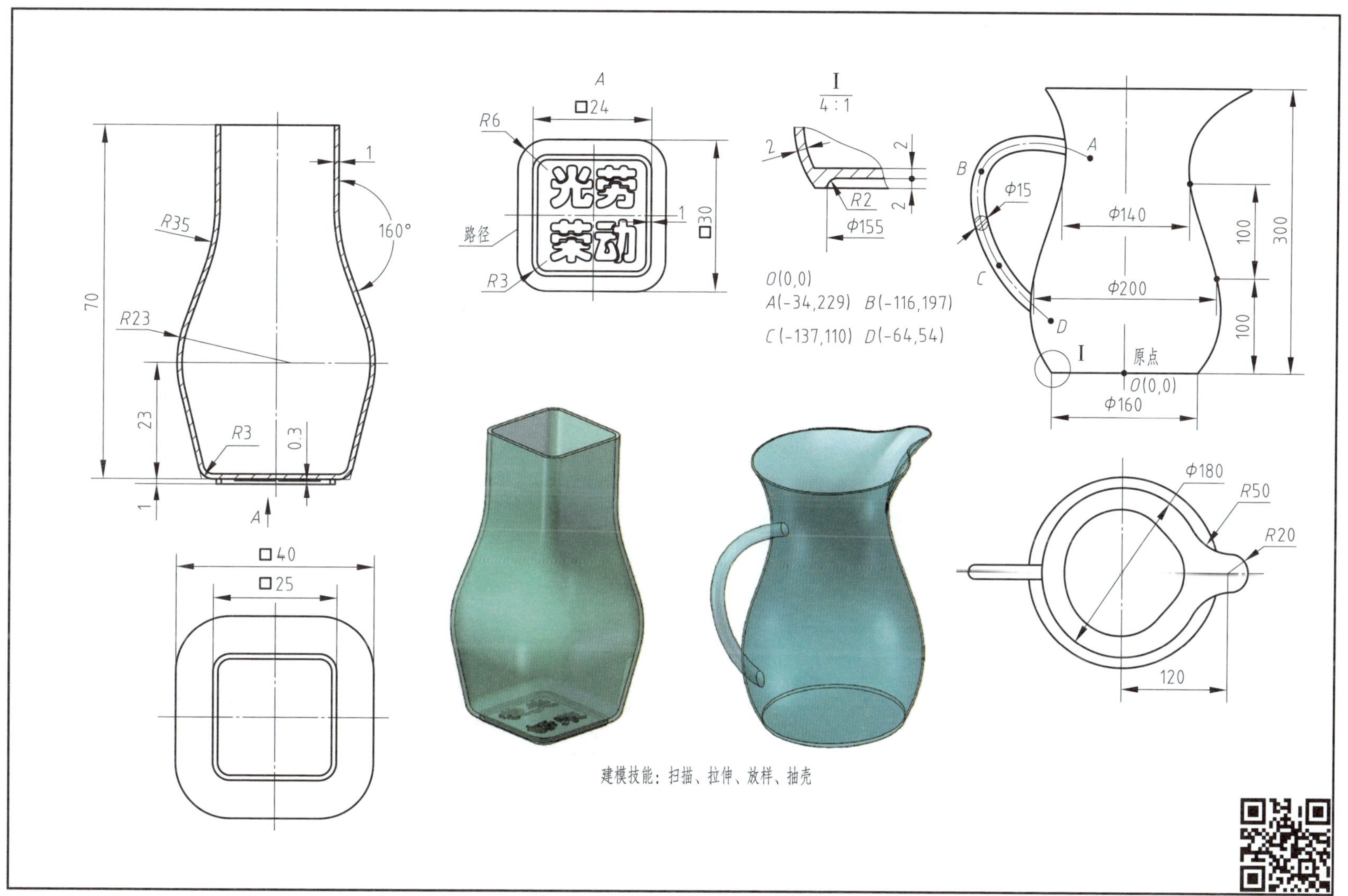

第五章 曲面与曲线建模

5-1 花伞和五角星

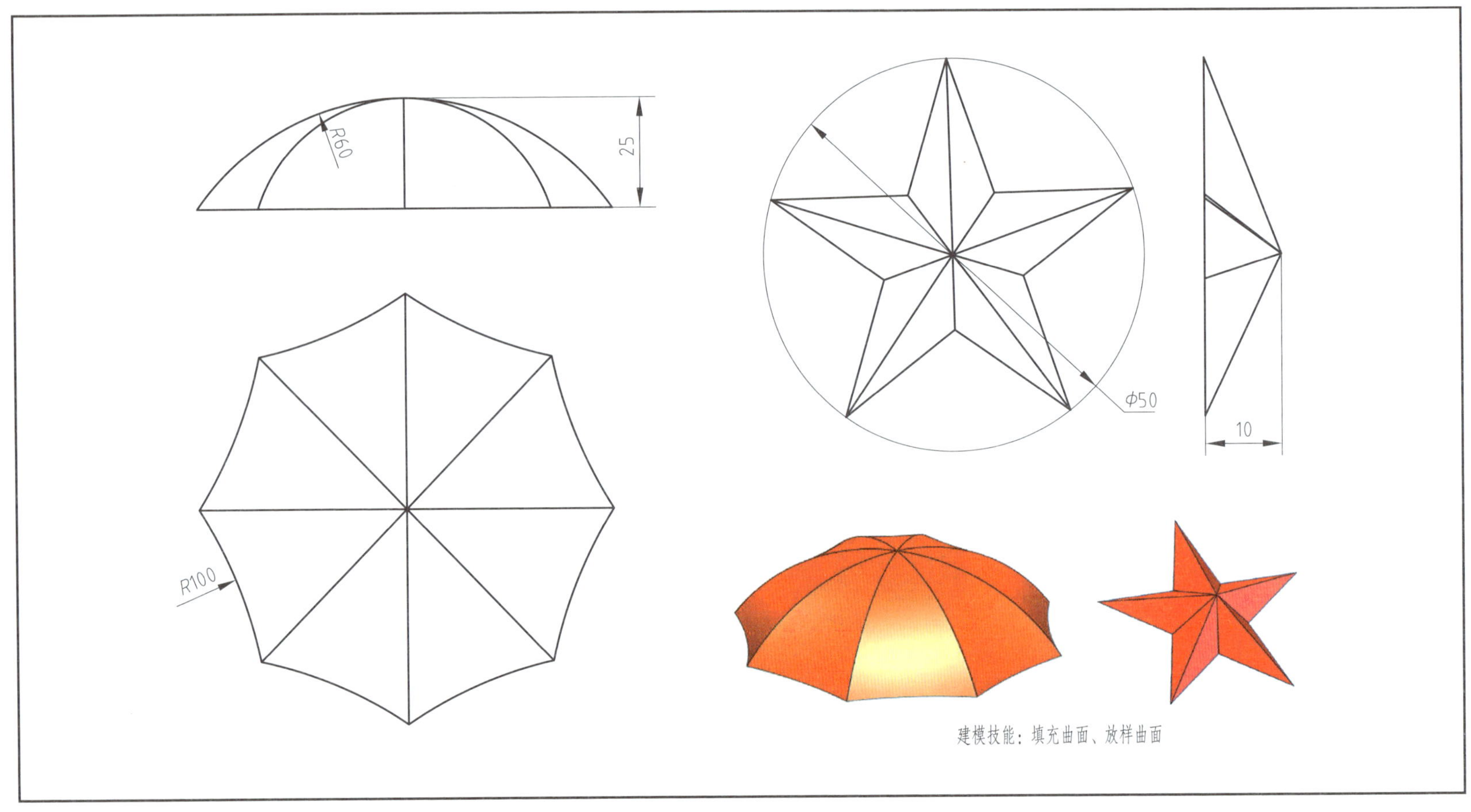

5-2　花瓶

A
世界技能大赛-上海
R1
R5
R1
C
26
B
30
O(0,0)
R100
技术要求
1. 文字"世界技能大赛-上海"凸起0.5。
2. 样条线节点坐标如下。
A线:(26,35)、(43,50)、(26,164)、(43,198.5)、(44,199)
B线:(41,0)、(41,10)、(38,20)、(26,25)
C线:(-12,0)、(-12,6)、(0,6)、(12,6)、(12,0)
建模技能：旋转曲面、填充曲面、包覆

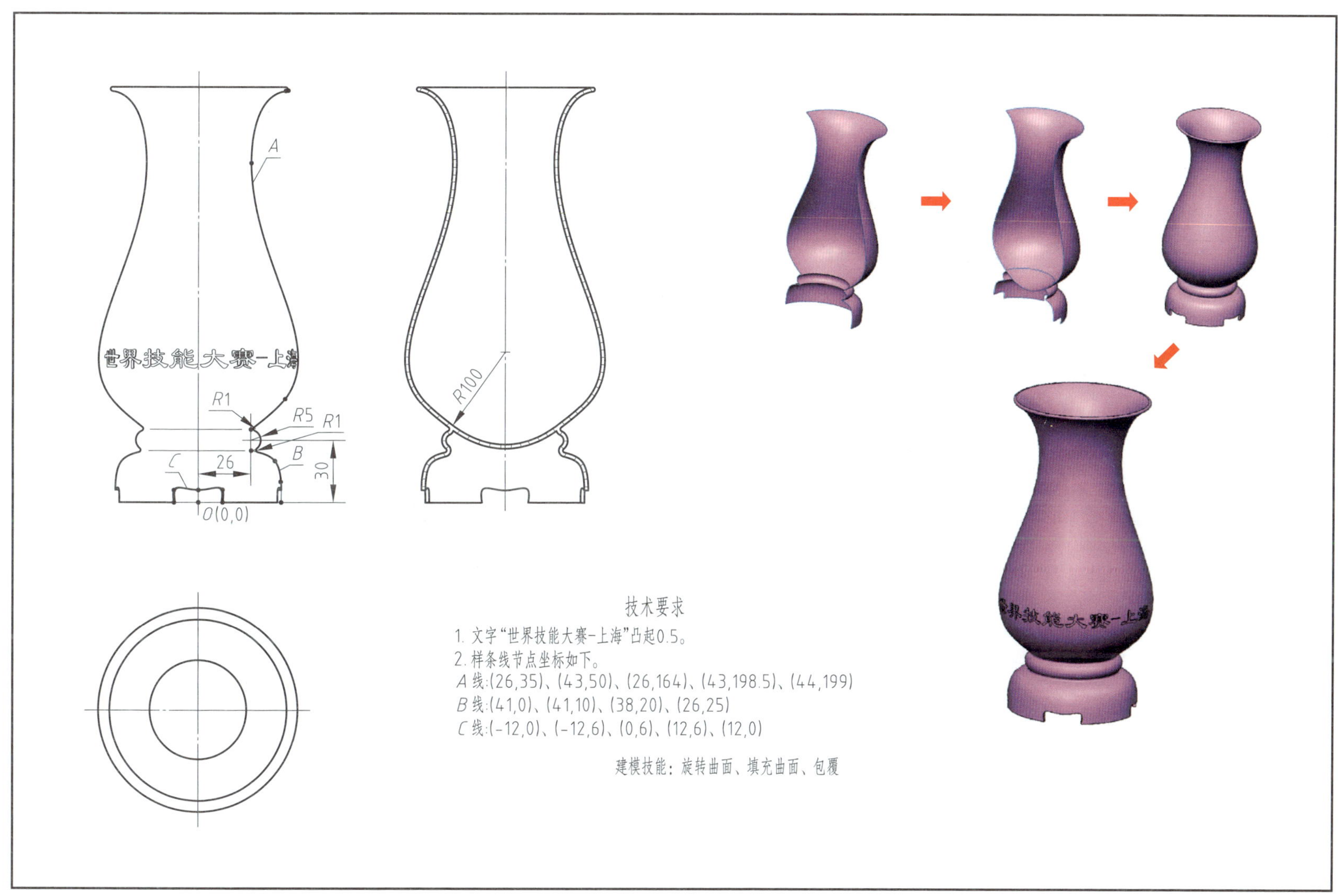

5-3 支架零件

R19
28°
R4
2.5
R62
90°
19
R70
4×Φ4
50
76
73
90
技术要求
未注圆角为R0.5。
建模技能：扫描曲面、平面、加厚

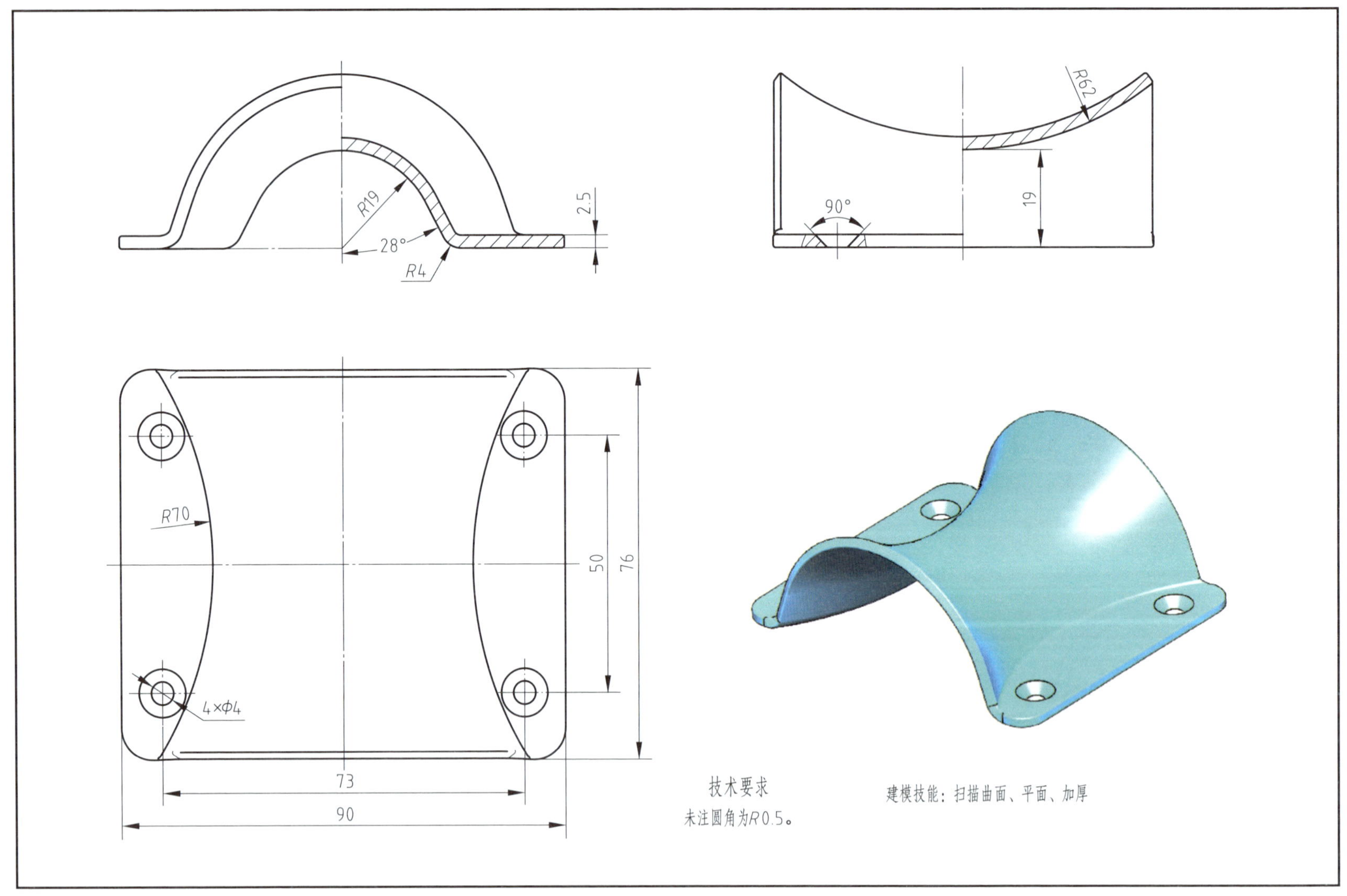

5-4　玩具轮胎

R8
5
20
R3
R200
10°
8
10°
20
90°
20
45°
R8
R5
20°
10
15
Φ20
Φ26
Φ36
60
Φ120
Φ180
Φ210
Φ240
Φ270
40
技术要求
壁厚为1。
建模技能：旋转、拉伸、曲面修剪

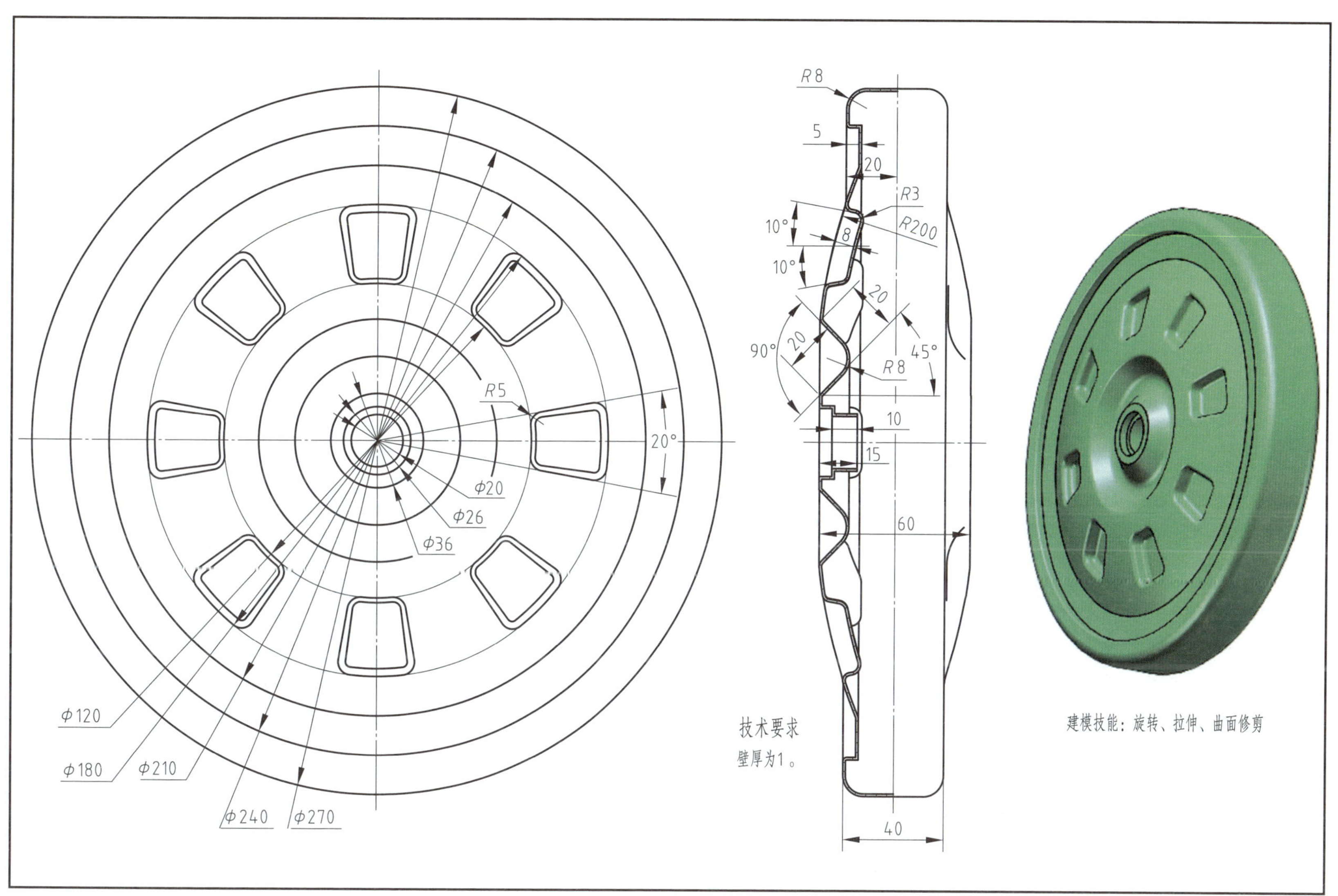

5–5 电吹风

10
切点
SR32
12
Φ25
100
R1
20°
10
Φ32
R2
20
15
20
45
3
A
17
R22
R45
R5
A 截面轮廓
90
26
R6
R108
B截面轮廓
Φ8
20
3
R5
B
24
技术要求
壁厚为1。
建模技能：引导线放样、旋转曲面、曲面修剪

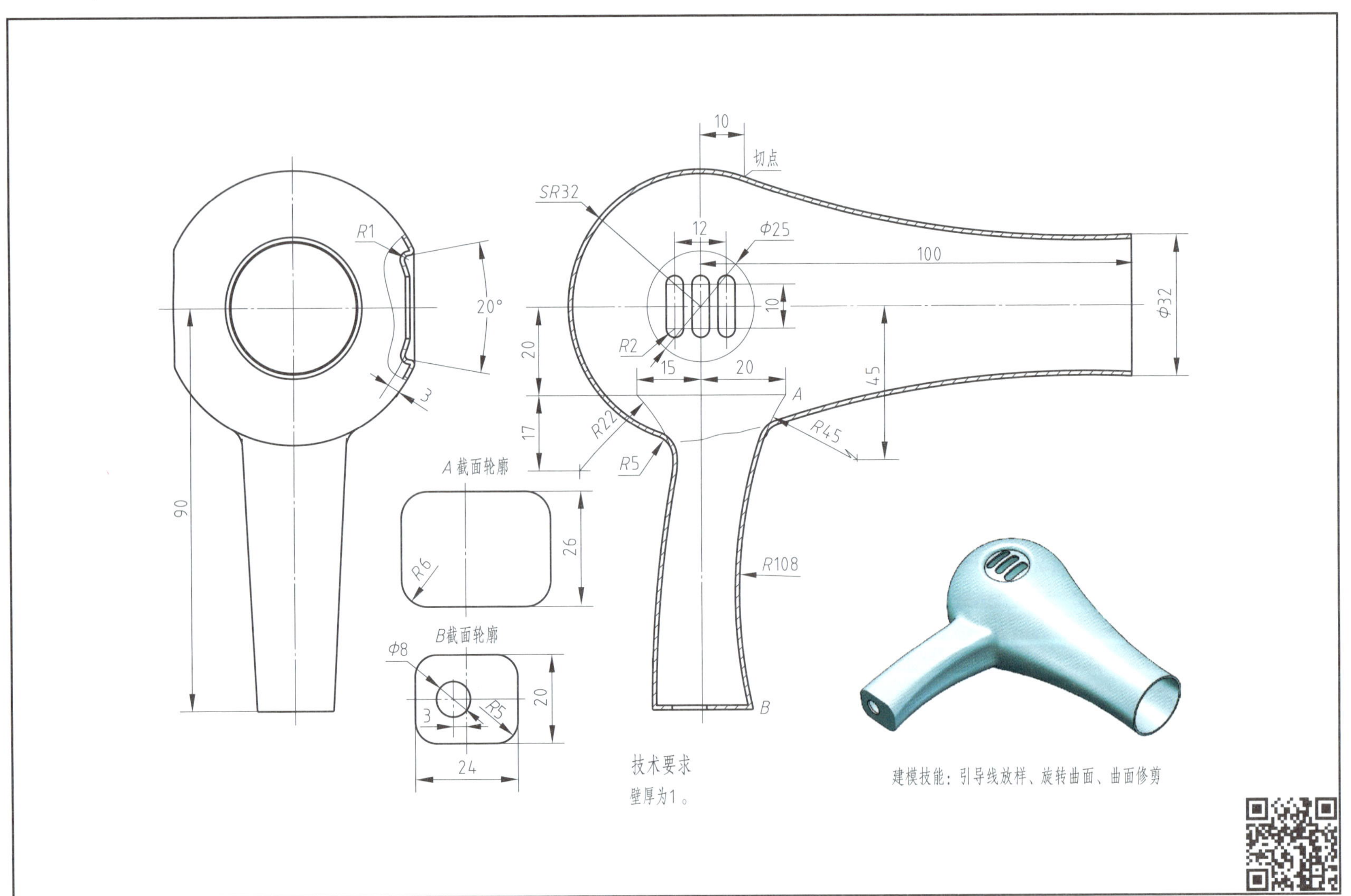

5-6 塑料盖

A—A
30
16
R40
B
32
B
C
SR250
B—B
A
R10
27
10
A
C
120
130
R15
R20
120
130
建模技能：拉伸曲面、旋转曲面、扫描曲面、修剪曲面
技术要求
未注圆角为R1.5，壁厚为1。

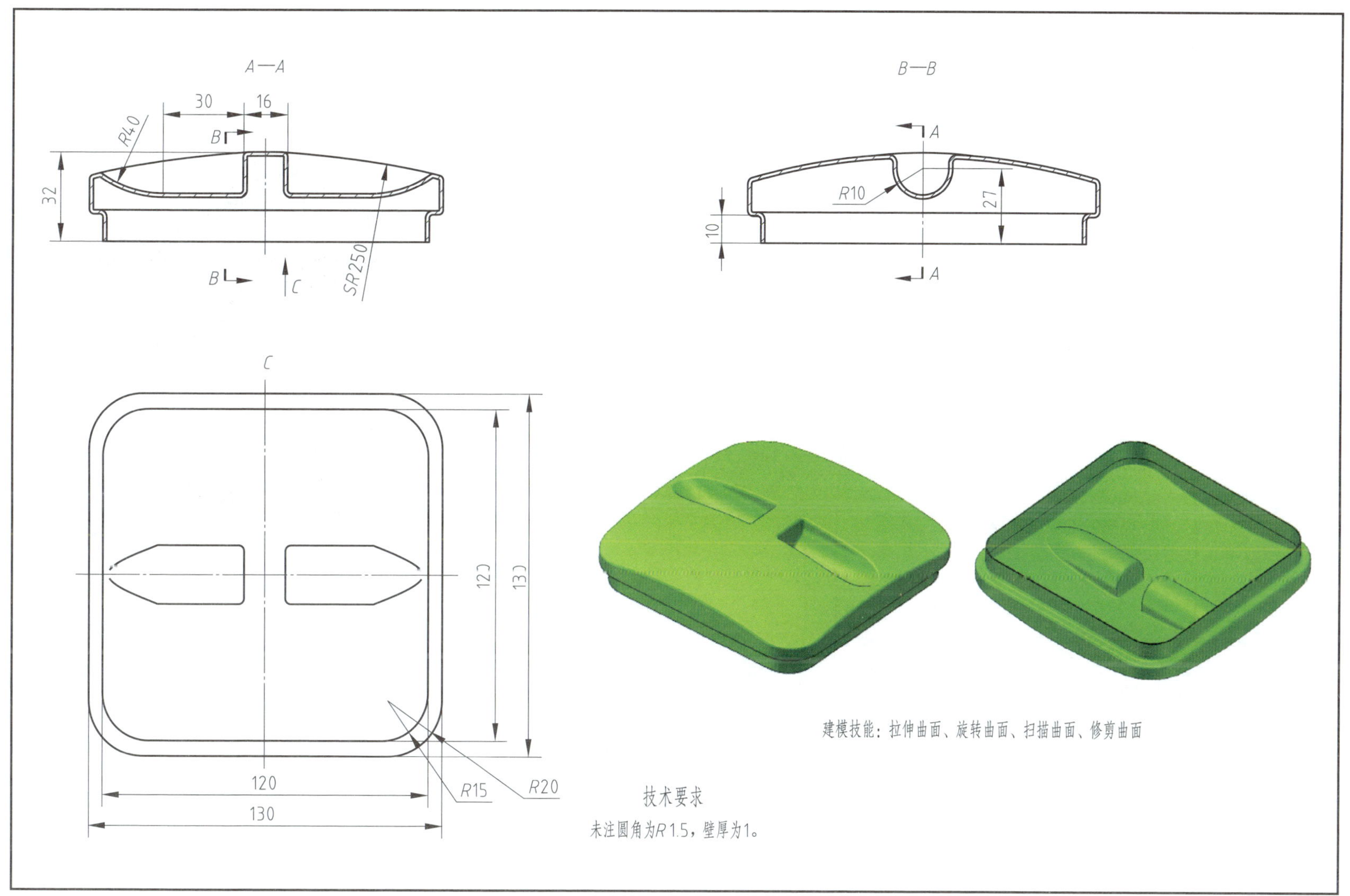

5-7　水槽

5°
SR800
150
R20
SR800
130
R5
Φ50
150
Φ40
40
80
R70
R1 000
2×Φ 60
R60
R1 000
380
340
280
20
370
280
20
720
建模技能：拉伸曲面、旋转曲面、修剪曲面
技术要求
壁厚为1。

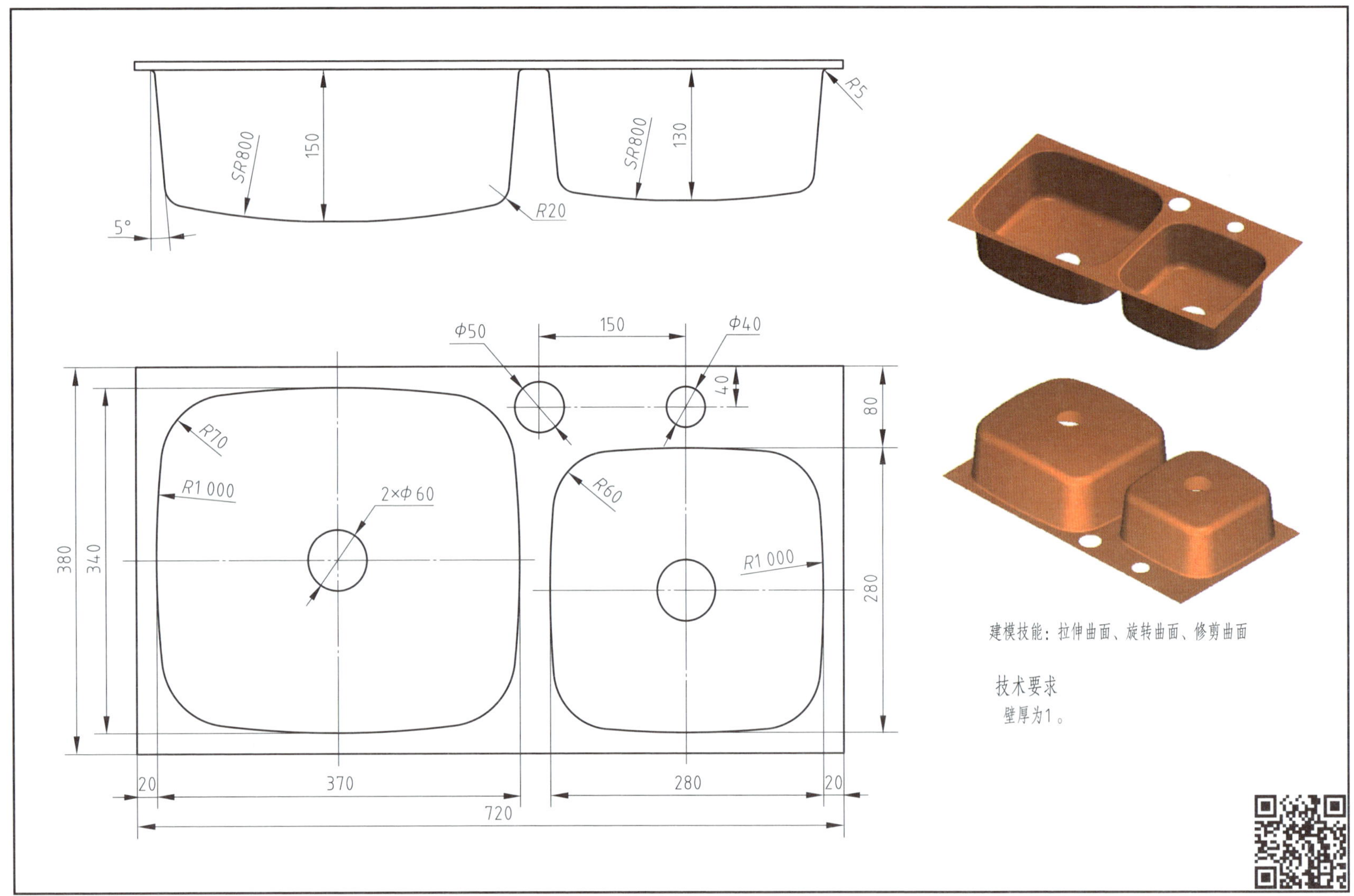

5-8　塑料盖

104
44
10 10 6
R10
45
R8
120
20
R2 000
R1 000
SR8
180
308
400
480
R20
50
50
R10
R50
360
440
520
600
624
建模技能：拉伸曲面、扫描曲面、修剪曲面
技术要求
1. 未注圆角为R5。
2. 壁厚为1。

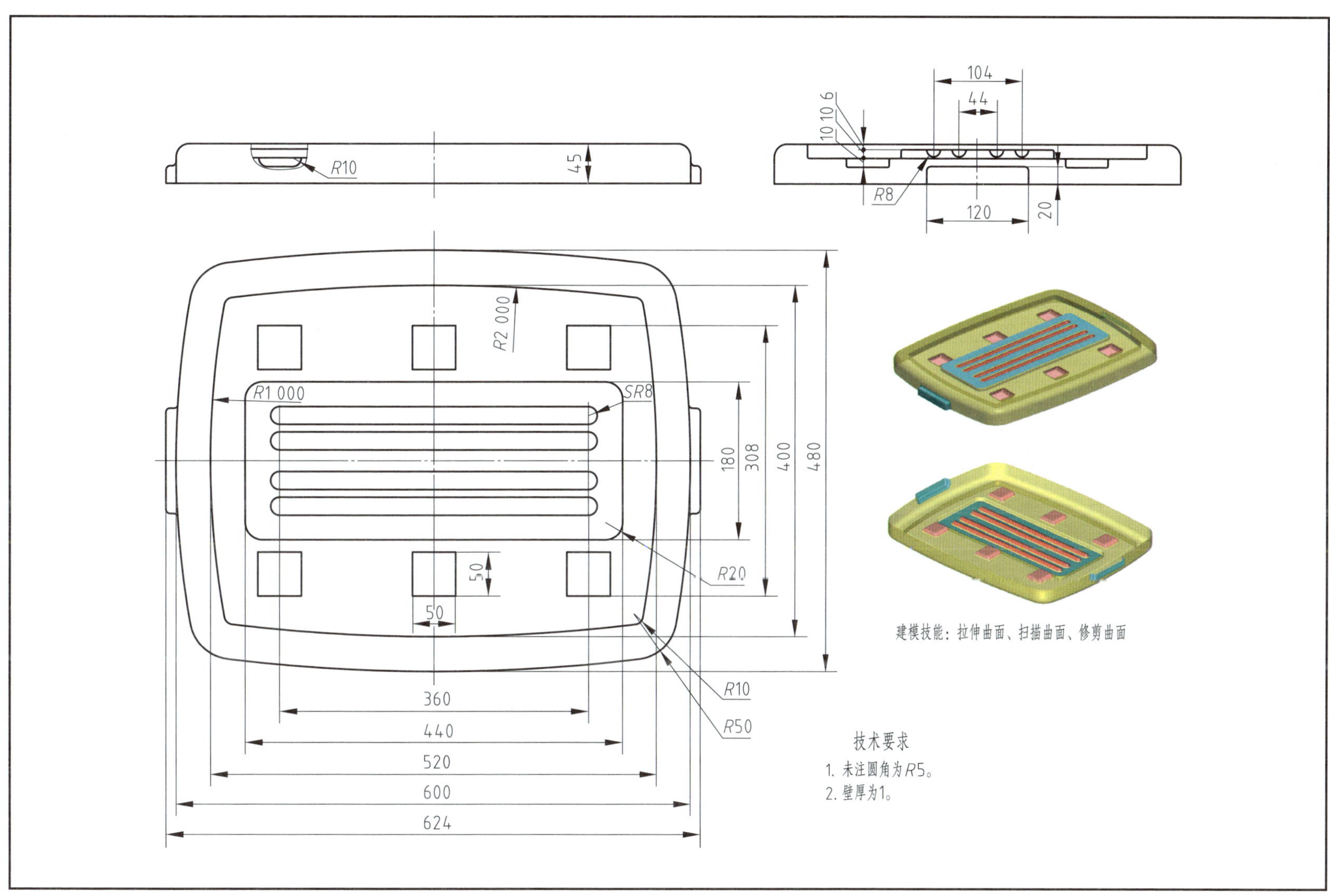

5-9　空间曲线 1 和 2

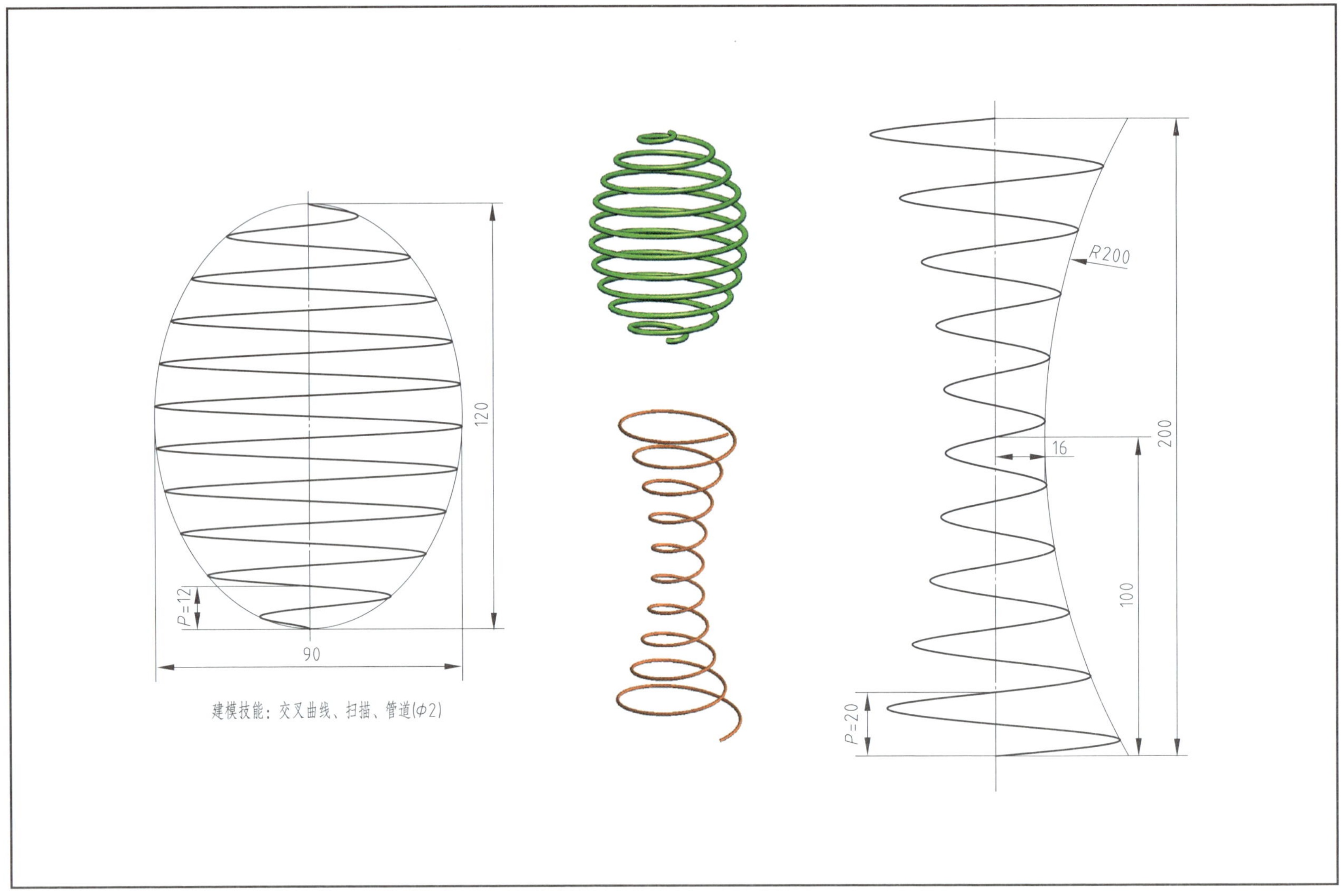

5-10　空间曲线 3 和 4

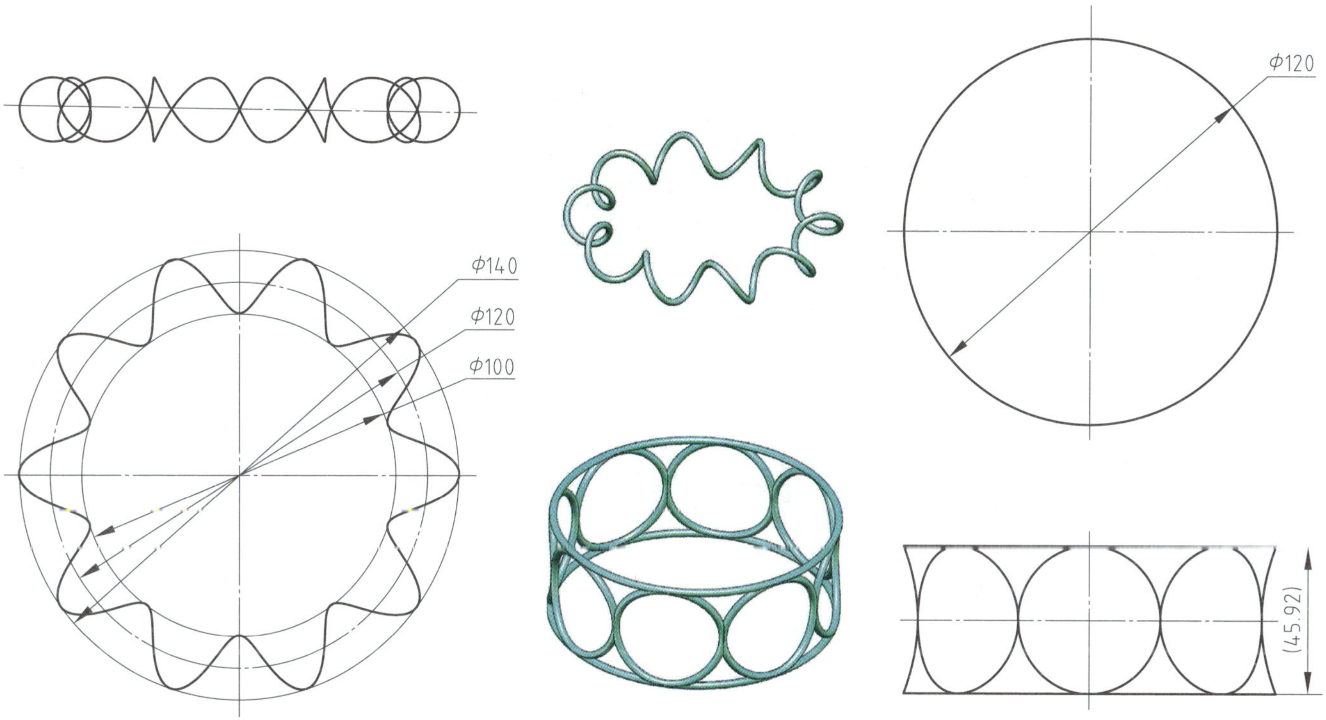

Φ140
Φ120
Φ100
Φ120
(45.92)

建模技能：交叉曲线、投影曲线、管道(Φ3)

5-11　空间曲线 5 和 6

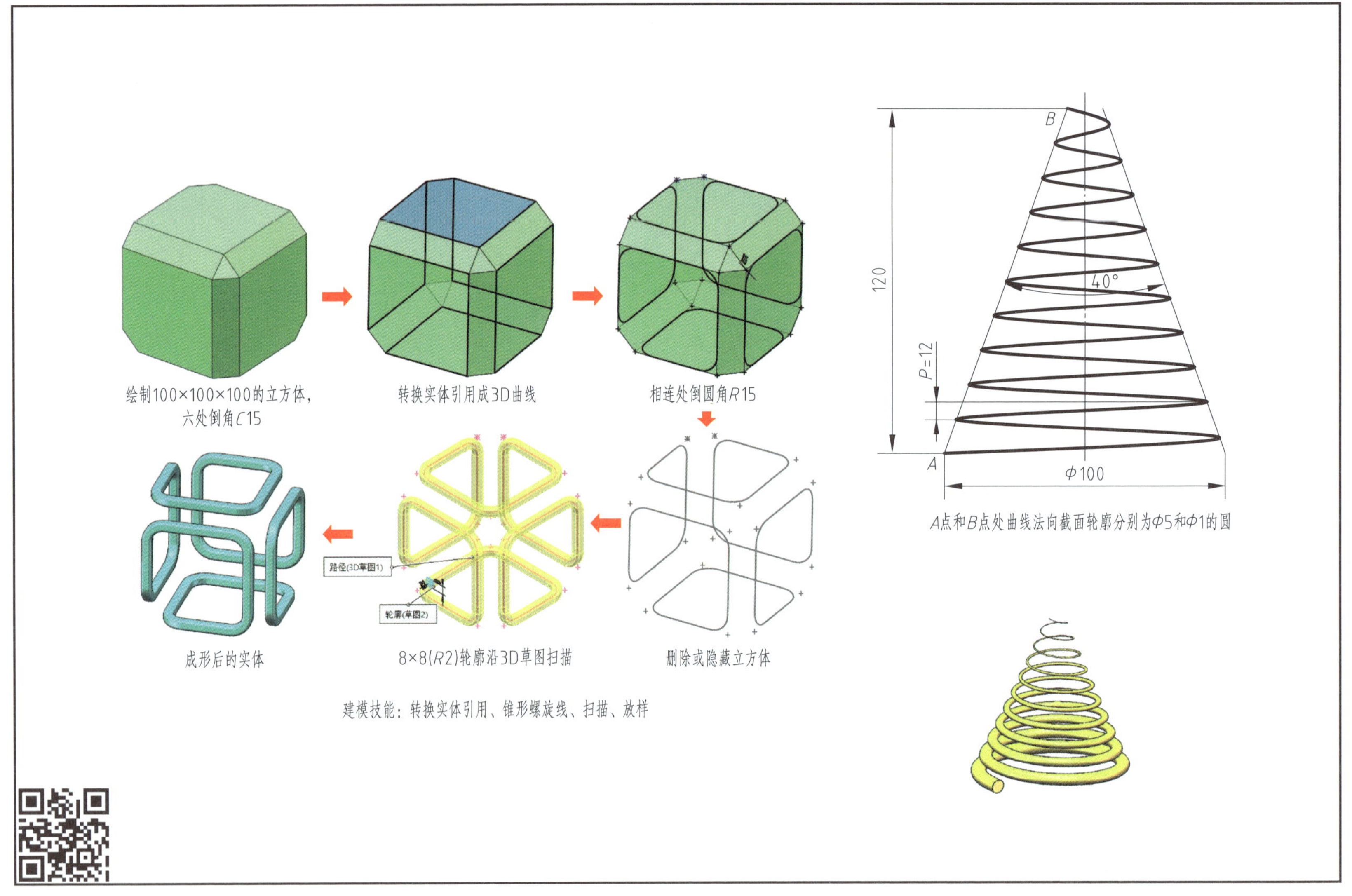
绘制100×100×100的立方体，
六处倒角C15
转换实体引用成3D曲线
相连处倒圆角R15
删除或隐藏立方体
8×8(R2)轮廓沿3D草图扫描
路径(3D草图1)
轮廓(草图2)
成形后的实体
建模技能：转换实体引用、锥形螺旋线、扫描、放样
B
120
40°
P=12
A
Φ100
A点和B点处曲线法向截面轮廓分别为Φ5和Φ1的圆

5-12　空间曲线 7 和 8

Φ120
60
Φ200
技术要求
钢丝直径为3 。
R25
15
38
24
R4
R5
R6
30
50
技术要求
钢丝直径为0.5 。
建模技能：投影曲线、管道、圆形扫描

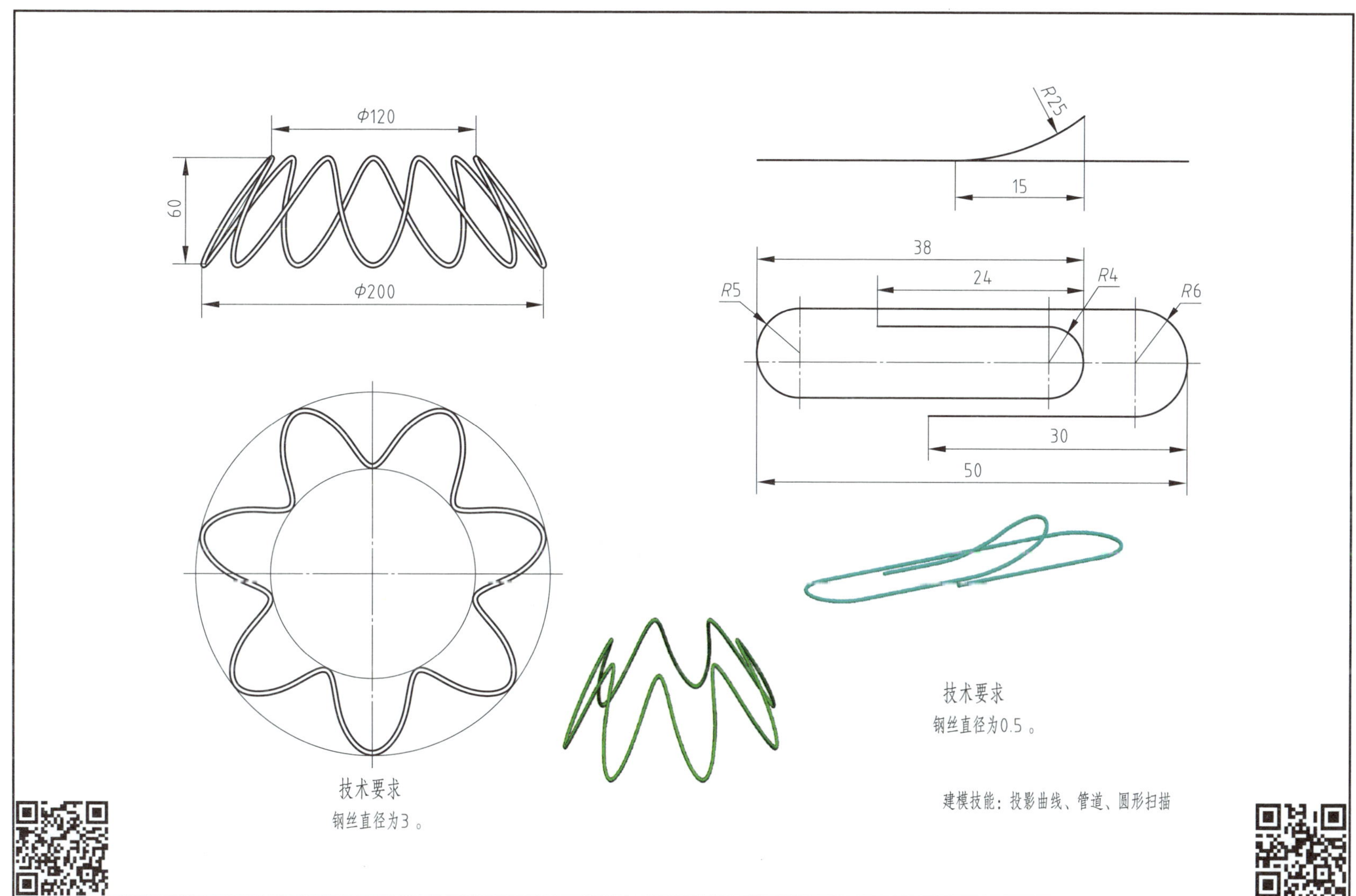

5-13　空间曲线 9 和 10

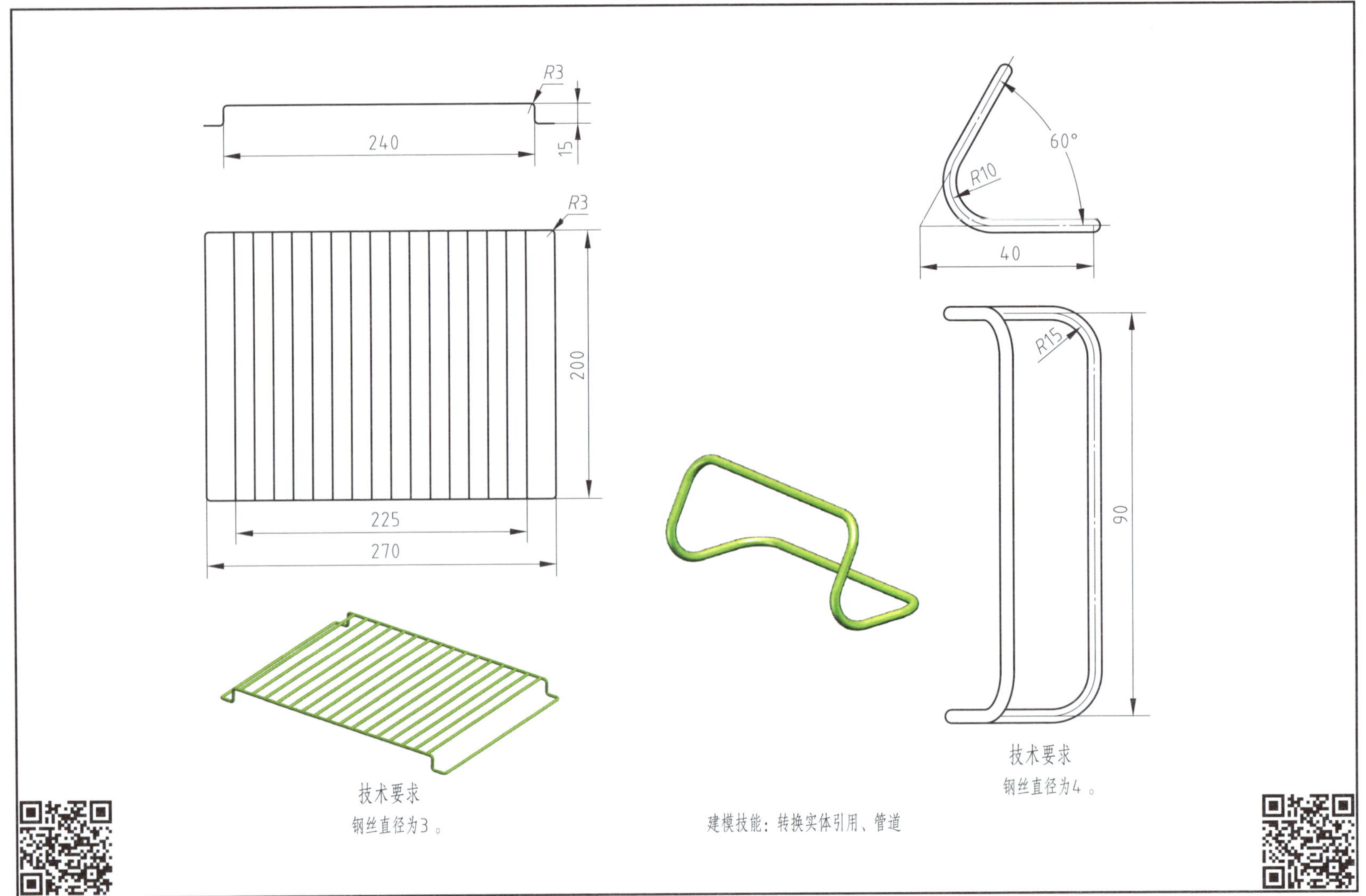

5-14　空间曲线 11 和 12

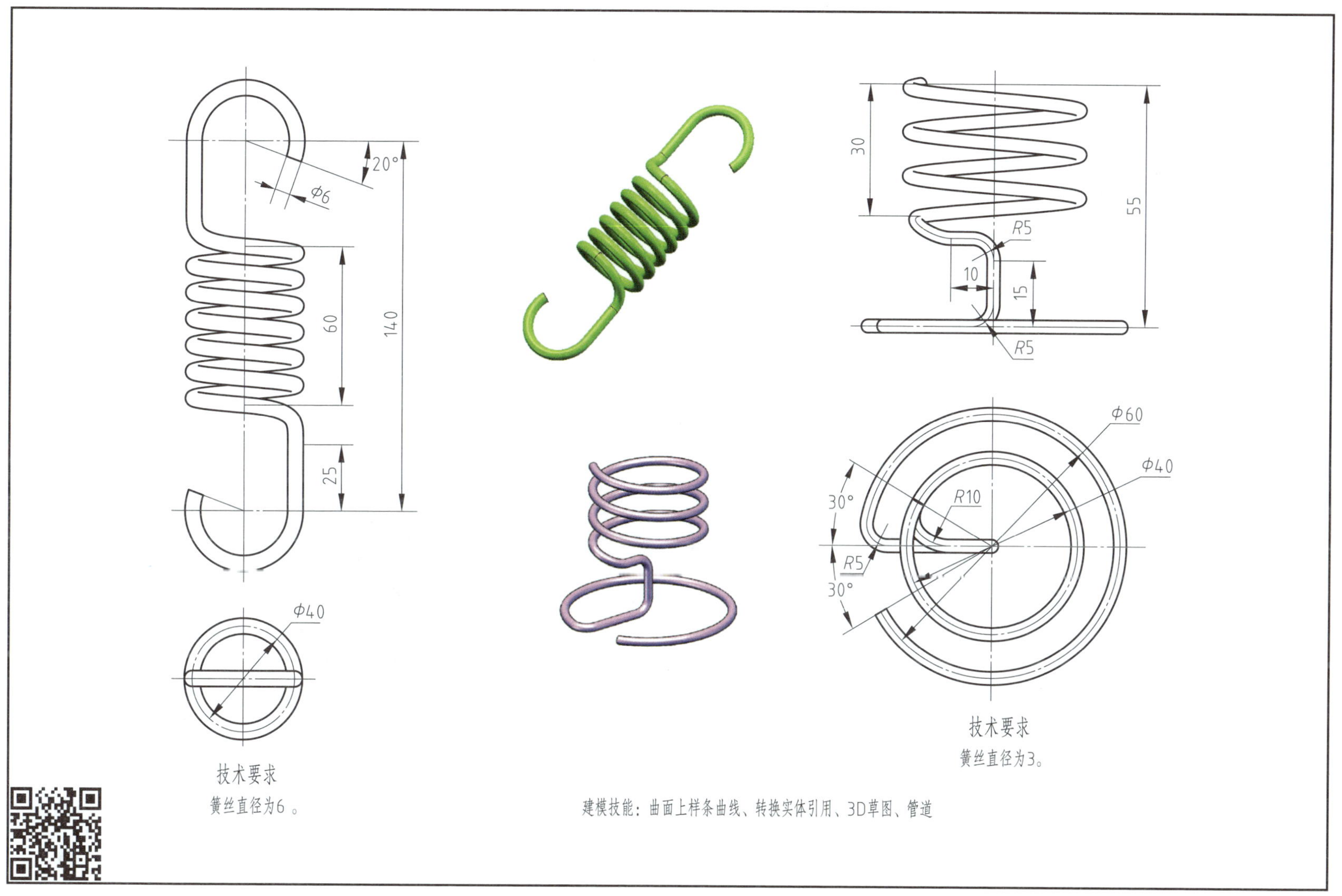

5-15　风扇叶片

放样曲面的两条曲线投影图
70
70
30
25
10
35
8
4
23
23
2
R30
R3
Φ54
Φ64
Φ20
5
R20
Φ10
Φ200
方法一：两条样条线分别投影至Φ200和Φ64的圆柱表面。
方法二：螺旋线Φ200(P=105，1/3圈，Z向起始高度为5)，
Φ64(P=99，1/3圈，Z向起始高度为0)。
建模技能：放样曲面、曲面分割、拉伸曲面

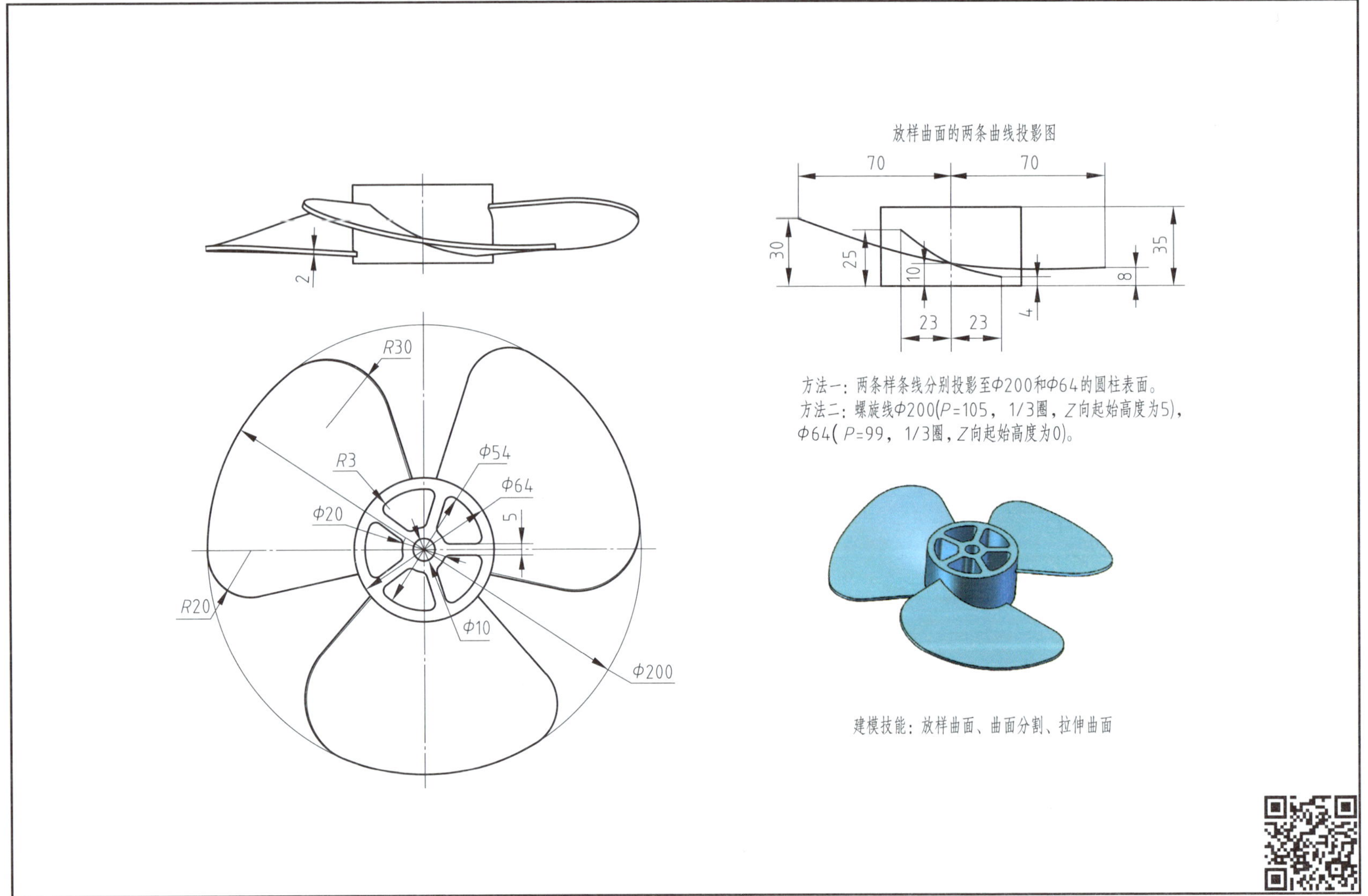

5-16　灯笼

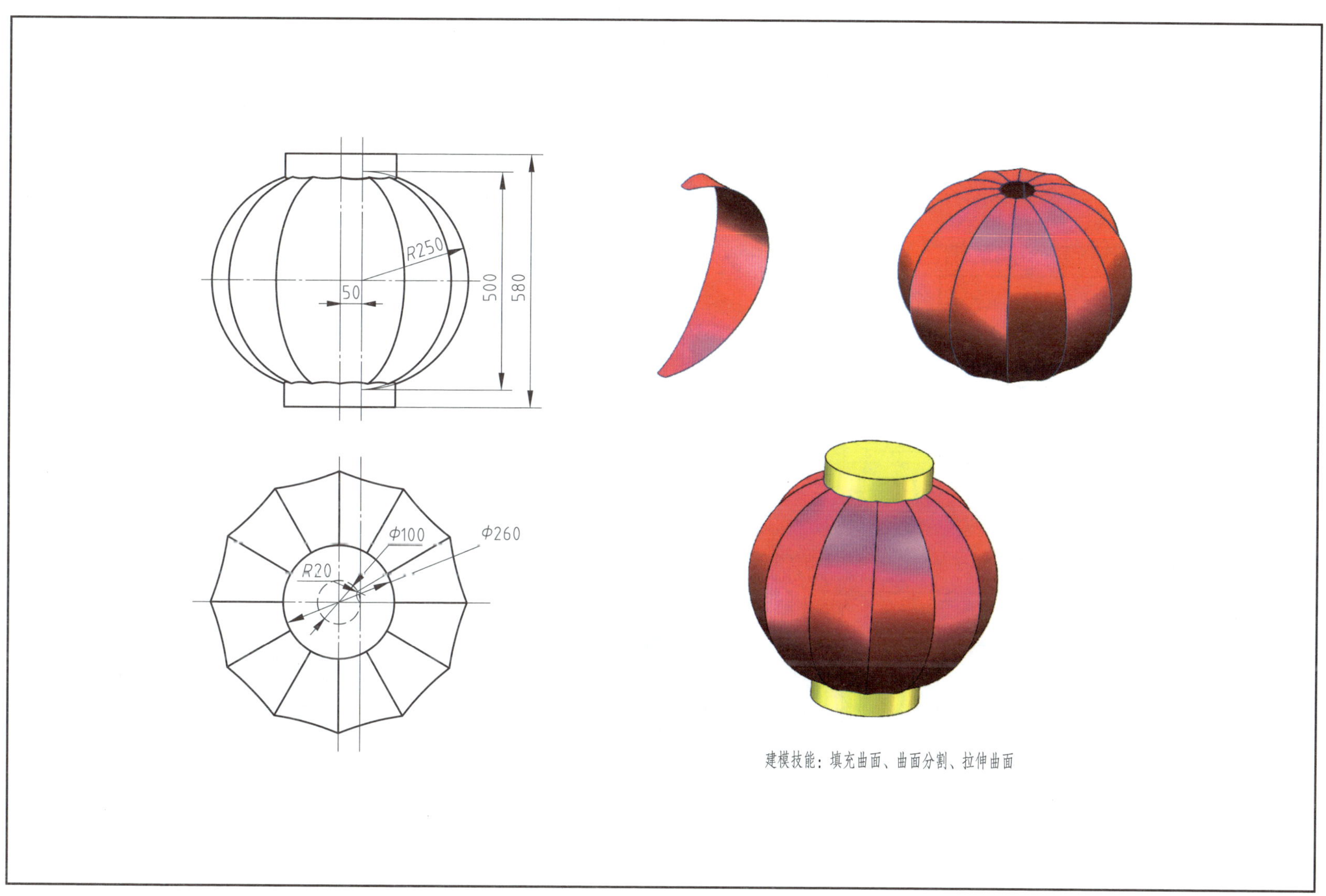

建模技能：填充曲面、曲面分割、拉伸曲面

第六章　机械与模具产品建模

6-1　电动机

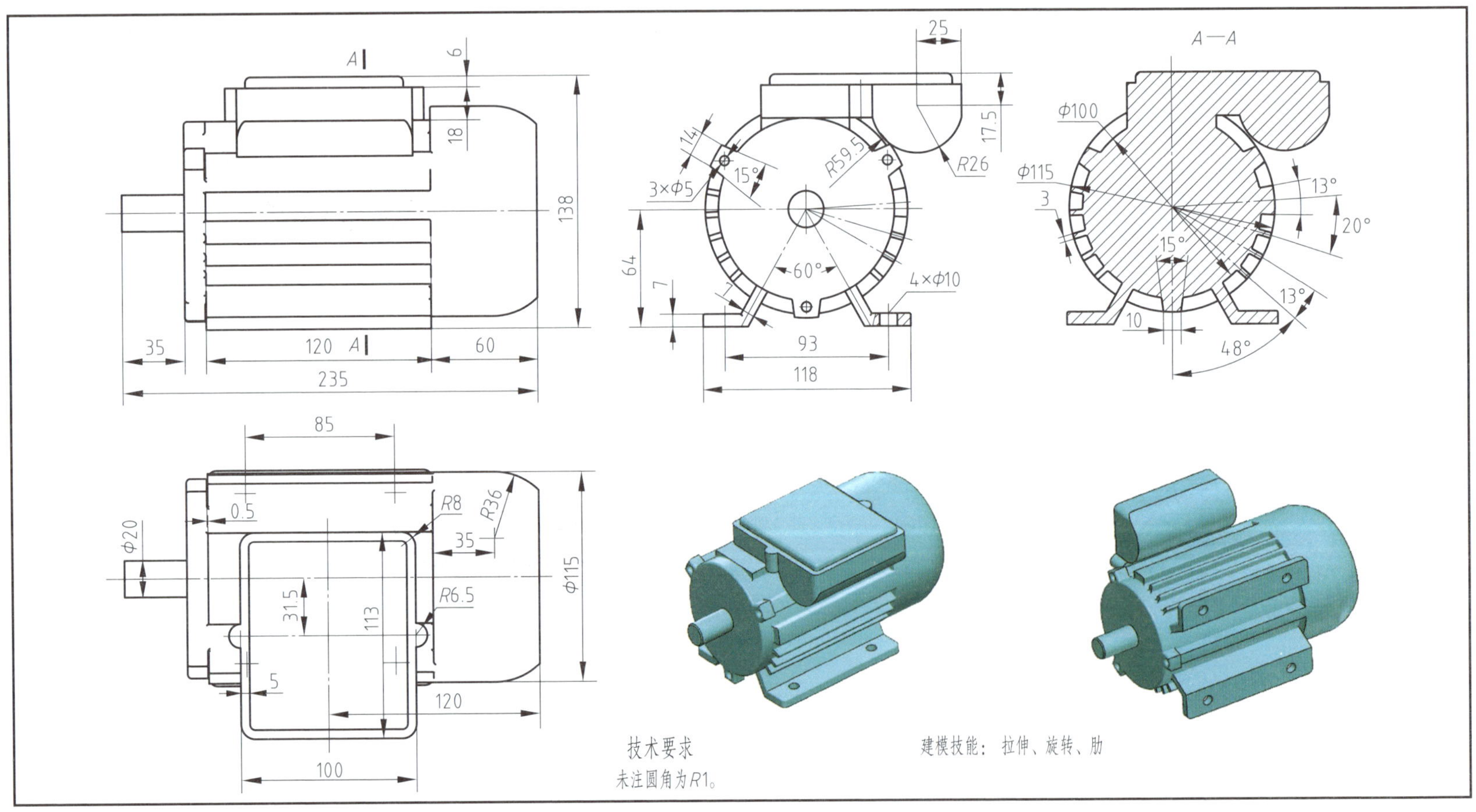

6-2 摆动式液压缸

I
3:1
Φ24
Φ18
2
Φ50
5
65
80
II
3:1
10
55°
2
4×Φ30
Φ45
Φ80
M40×2
130
130
I
M24×2↧20
⌴Φ22↧30
A
A
II
10
30
530
80
30
100
1 110
A—A
4×Φ18
Φ130
170
250
170
建模技能：拉伸、旋转
技术要求
1. 未注圆角为R0.5。
2. 未注倒角为C1。

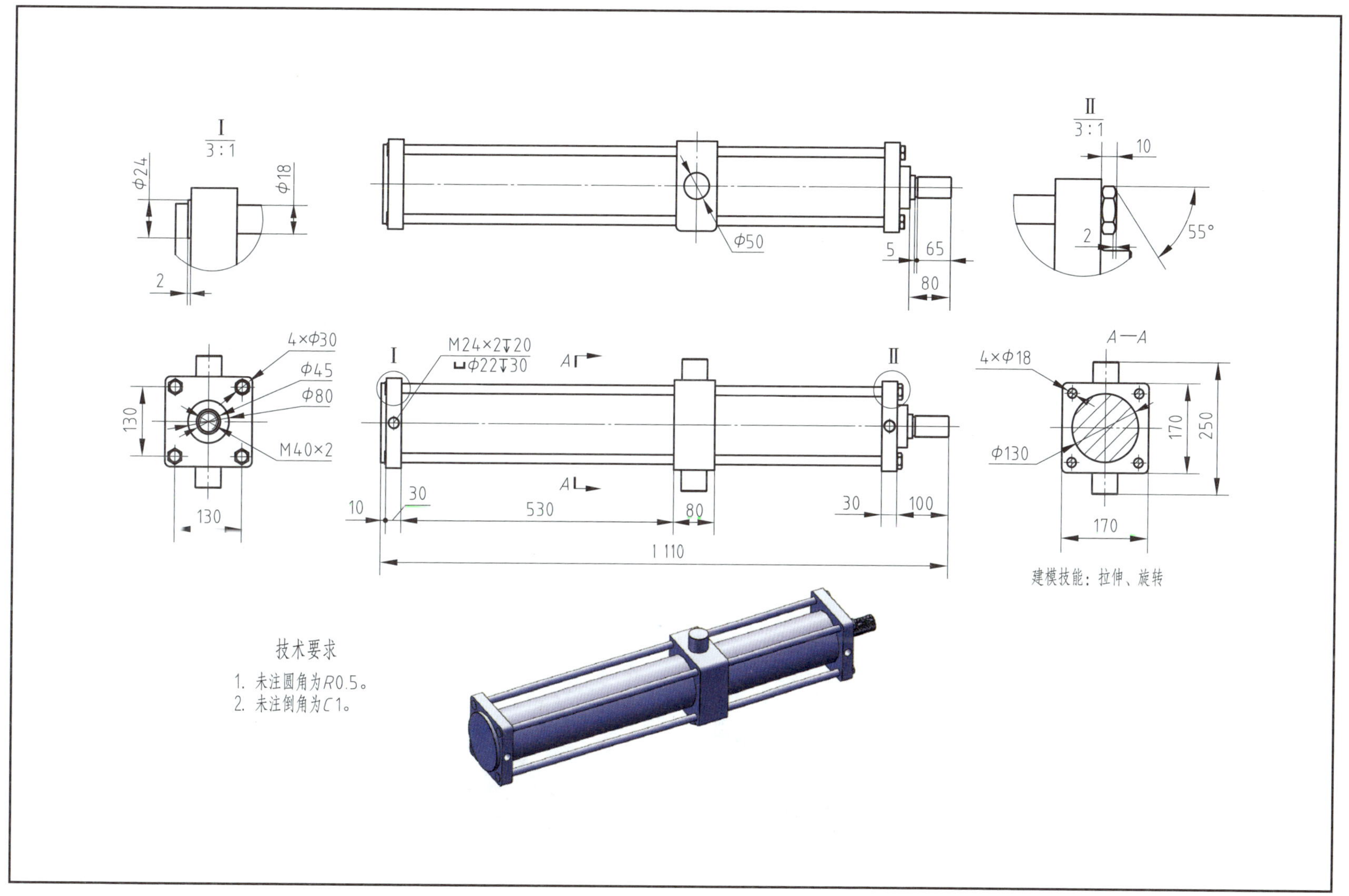

6-3 曲轴 1

30°
58
20
Φ65
19
1:10
A
C2
Φ30
Φ70
Φ90
1
38
1
Φ90
Φ70
Φ50
40
M42×2
18
A
4
4×3
1
29
29
1
40
21
40.5
100
71
48
303
R37.5
Φ65
Φ28
R120
5
R60
R40
57.7
Φ5
12
R15
30°
8
R95
26
186
技术要求
1. 未注倒角为C1。
2. 未注圆角为R3。
A—A
14
18
建模技能：拉伸、旋转

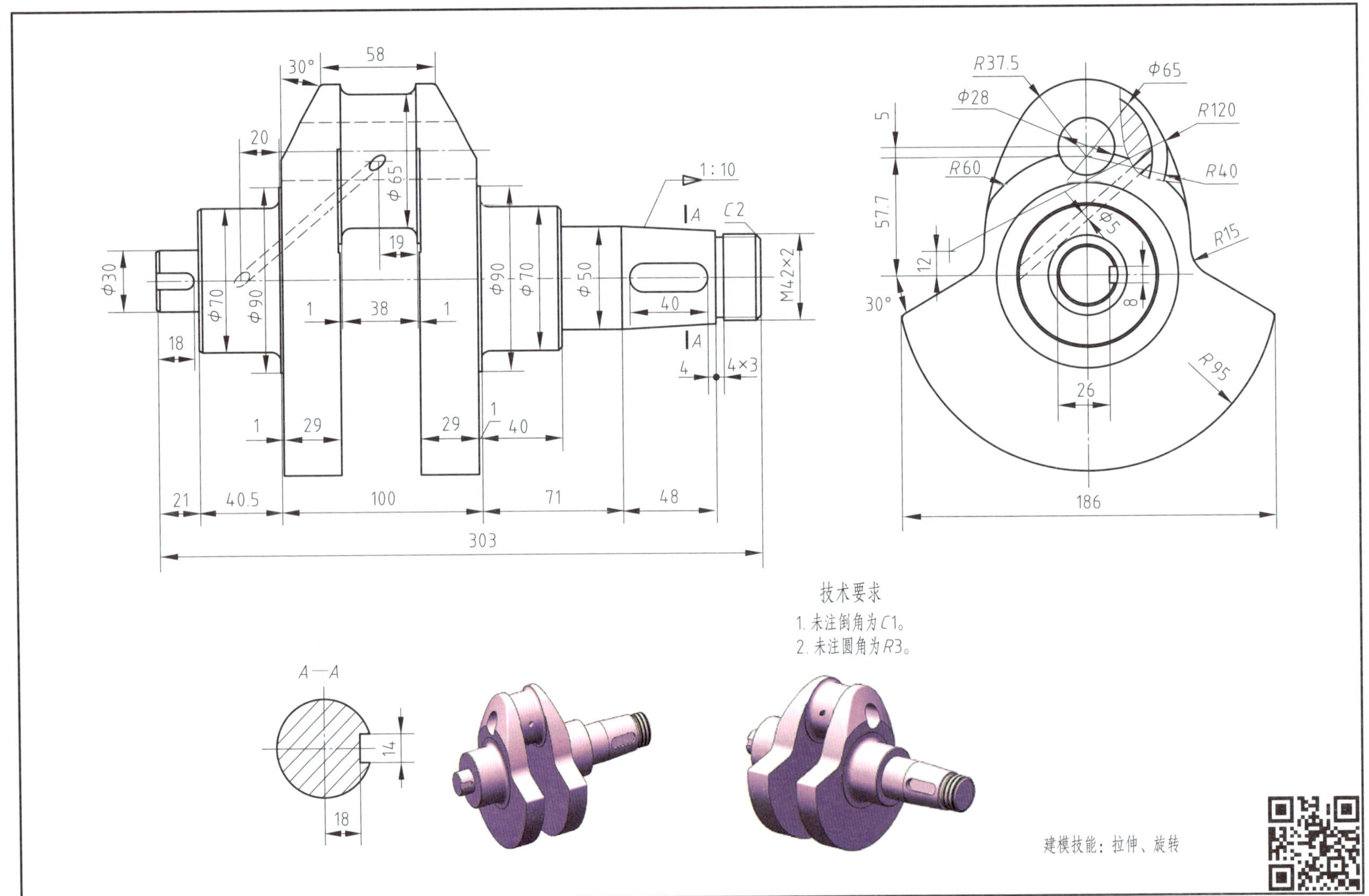

6-4　曲轴 2

A
30
10
1:20
C2
A
5
R45
R10
φ90
φ65
B
C2
M45×1.5
φ47
φ65
φ85
5
φ85
φ65
90
6×2
28
170
30
50
215
50
423
R45
55
55
20
50
4×M16×1.5↧40
85
90
B—B
20
68
建模技能：拉伸、旋转、螺纹装饰线

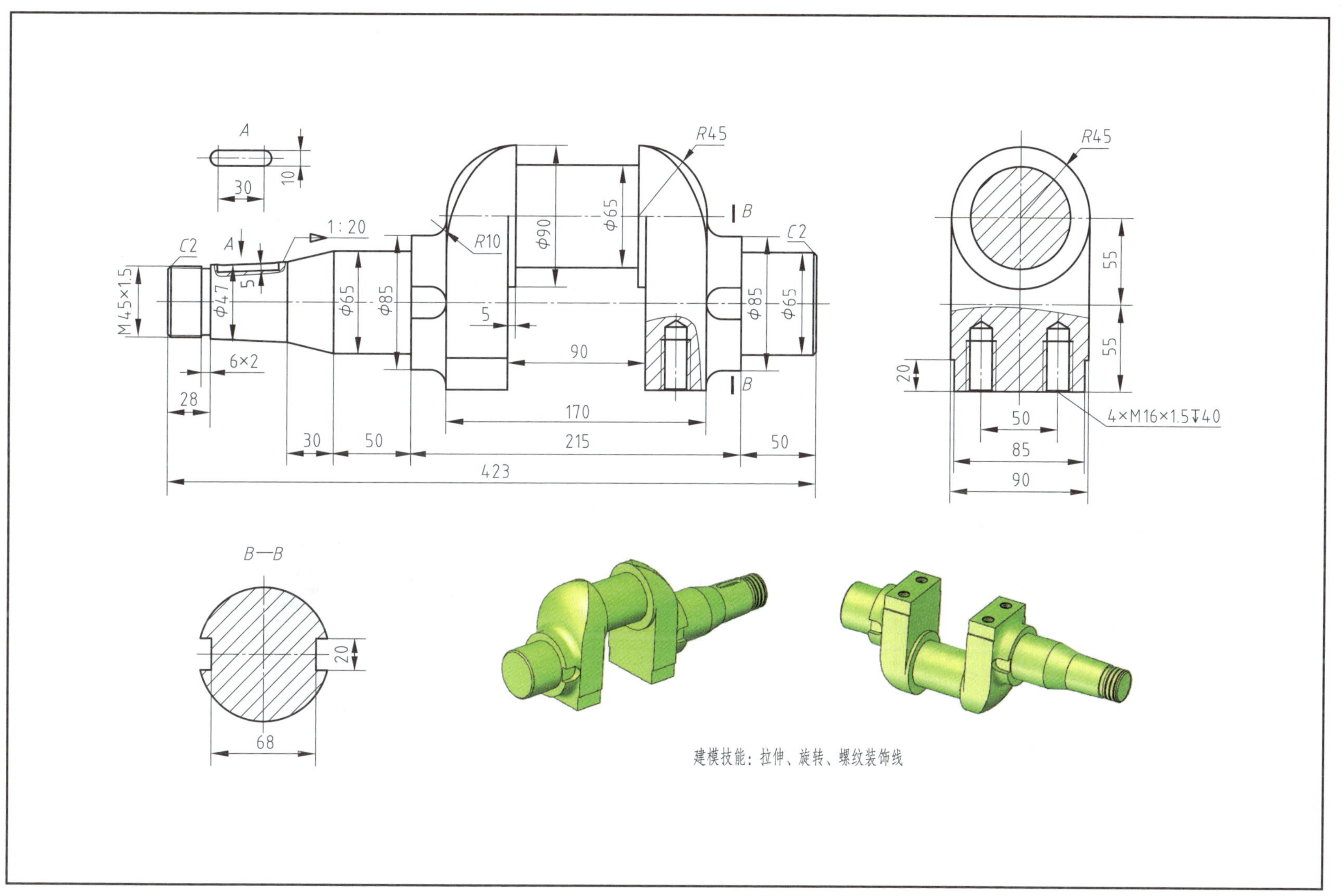

6-5 齿轮

模数m	2.5
齿数z	25
压力角α	20°
Φ67.5 Φ62.5
Φ49.5
Φ12.5
4
14.5
10°
1.3
R1
Φ30
5
5
20
技术要求
未注倒角为C1，未注圆角为R1。
模数m	2
齿数z	32
压力角α	20°
螺旋升角β	15°
Φ68 Φ64
Φ52
Φ30
Φ16
4
18
15
R1
25
技术要求
未注倒角为C1，未注圆角为R1。
建模技能：拉伸、旋转、库零件调用

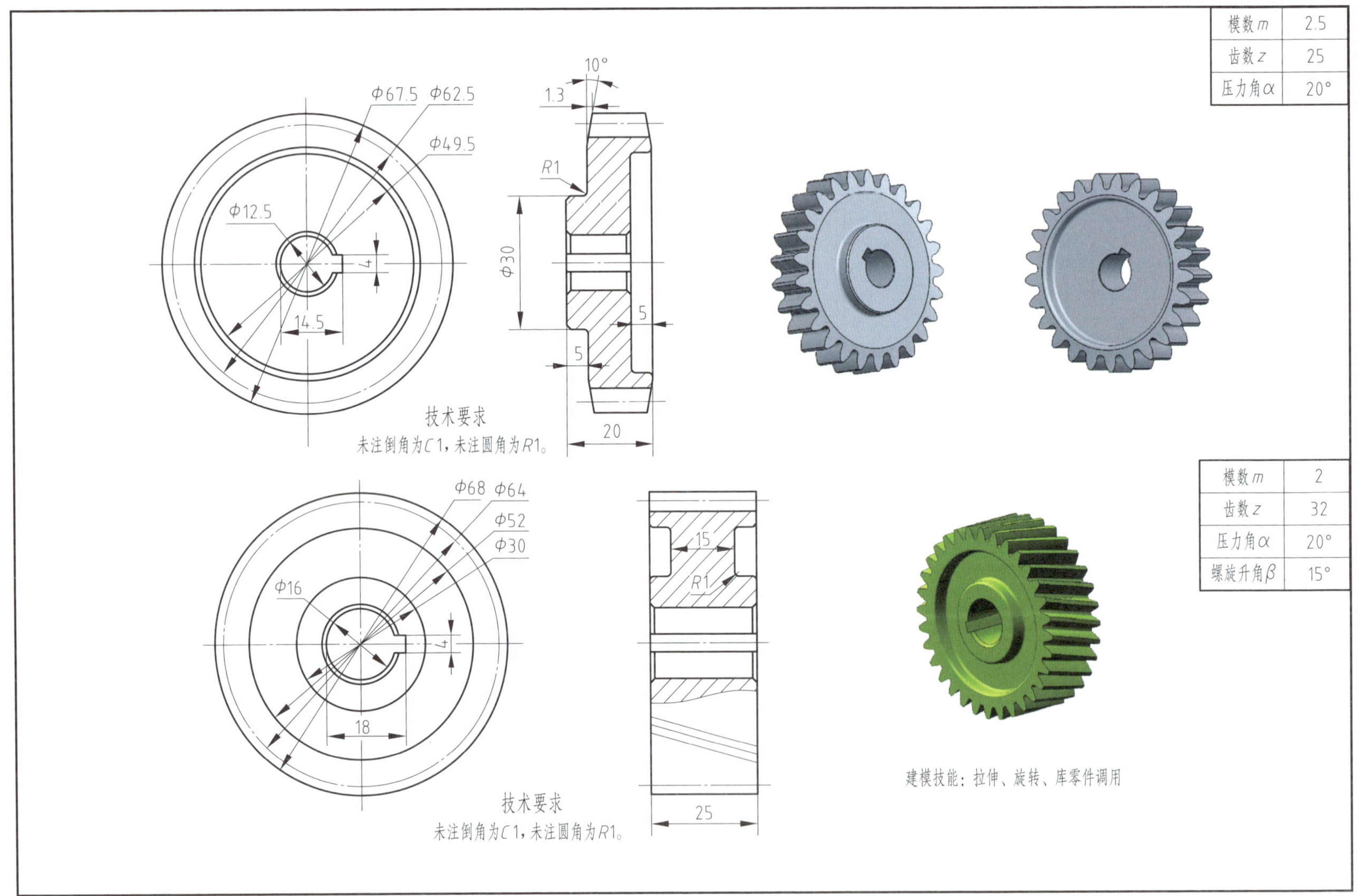

6-6　齿轮轴与轴承

模数m 3
齿数z 20
压力角α 20°
φ30
φ40
φ60
φ66
φ30
φ25
φ20
A
A
26
5
58
76
28
58
36
226
技术要求
1. 未注圆角为R1.5。
2. 未注倒角为C2。
A—A
6
16.5
建模技能：拉伸、旋转、库零件调用
角接触球轴承
S7306 GB/T 292—2007
推力圆柱滚子轴承
81105 GB/T 4663—2017

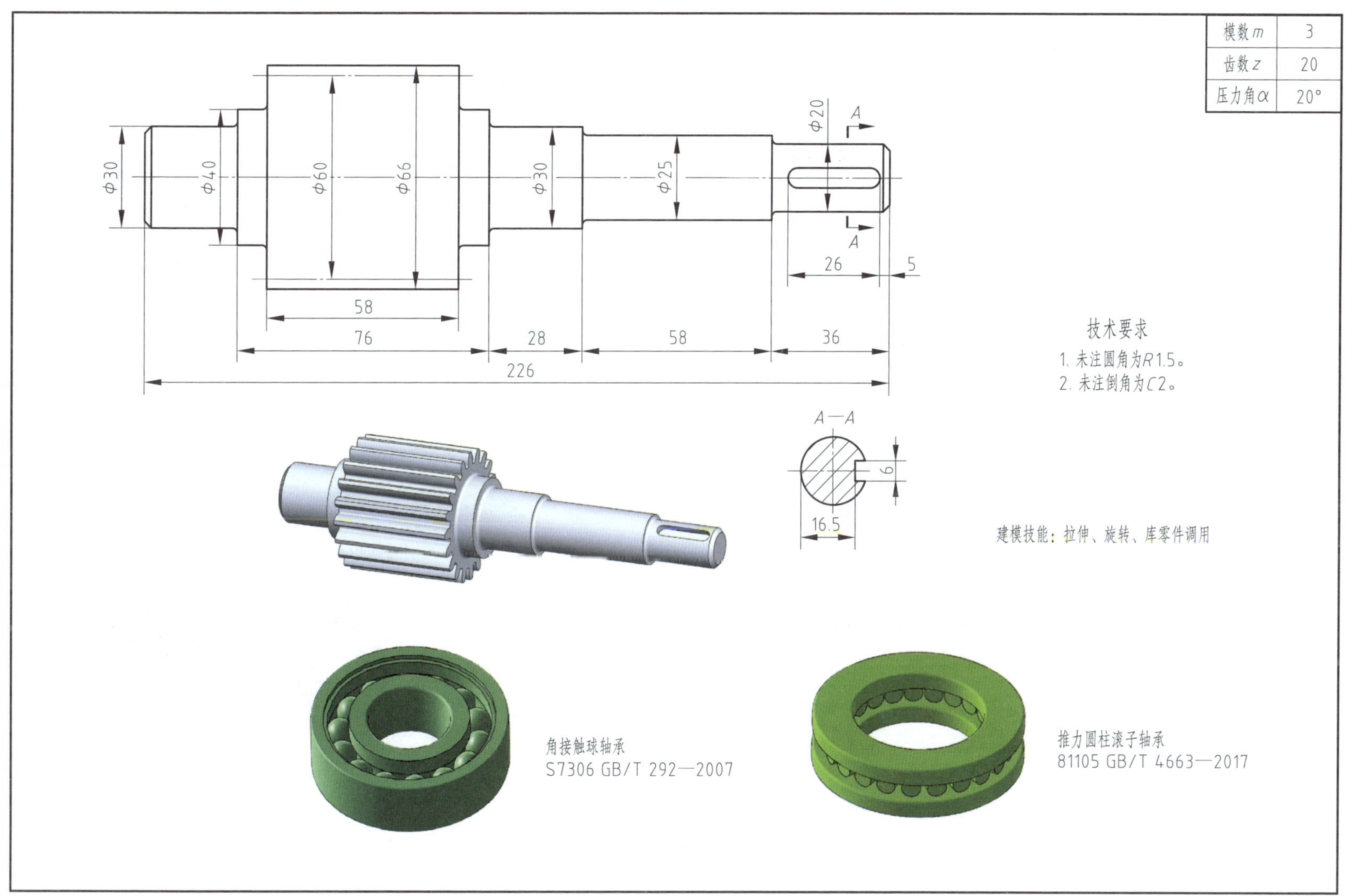

6–7　螺栓与螺母

M20×2
30
18
R1.3
R1
24
ϕ34.5
25°
M16×1.5
16
1型六角螺母 细牙
M20×2 GB/T 6171—2016
六角法兰面螺母 细牙
M16×1.5 GB/T 6177.2—2016
R1.25
R1
M16×1.5
C1
1.2
25°
ϕ32.8
21
38
20°
15
80
六角法兰面螺栓 小系列
M16×80—C GB/T 16674.1—2016
建模技能：拉伸、旋转、扫描（或库零件调用）

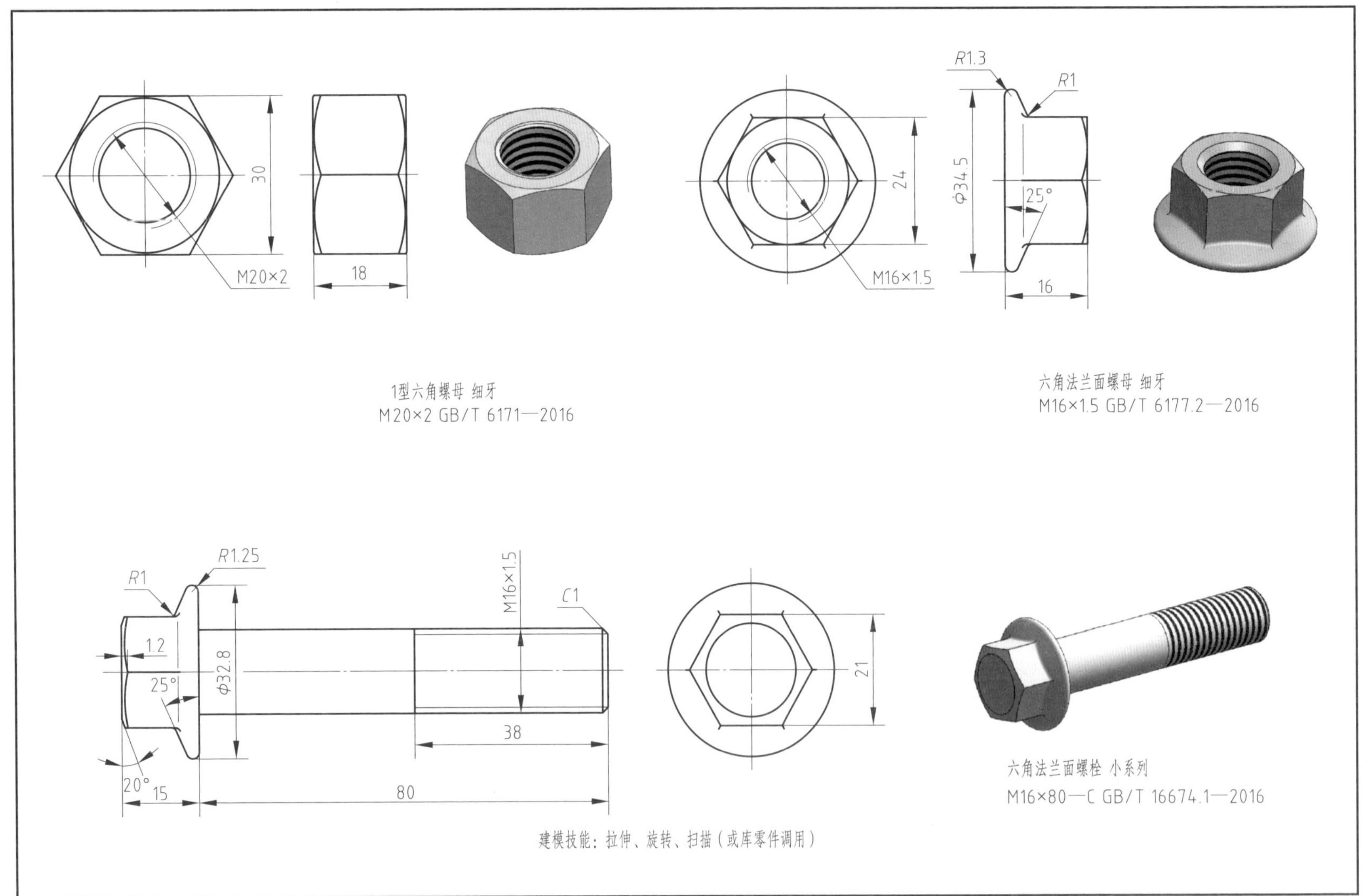

6-8 带轮与花键

38°
Φ110
Φ60
Φ30
8
34
R3
47.5
14
Φ124
Φ140
Φ147
6.5
19
67.5
V形带轮—SPB
技术要求
未注倒角为C1。
模数m 4.5
齿数z 20
压力角α 20°
Φ99
Φ90
Φ52
8
Φ42
Φ48
8
C4
4
C4
32
技术要求
未注倒角为C1。
建模技能：拉伸、旋转、库零件调用

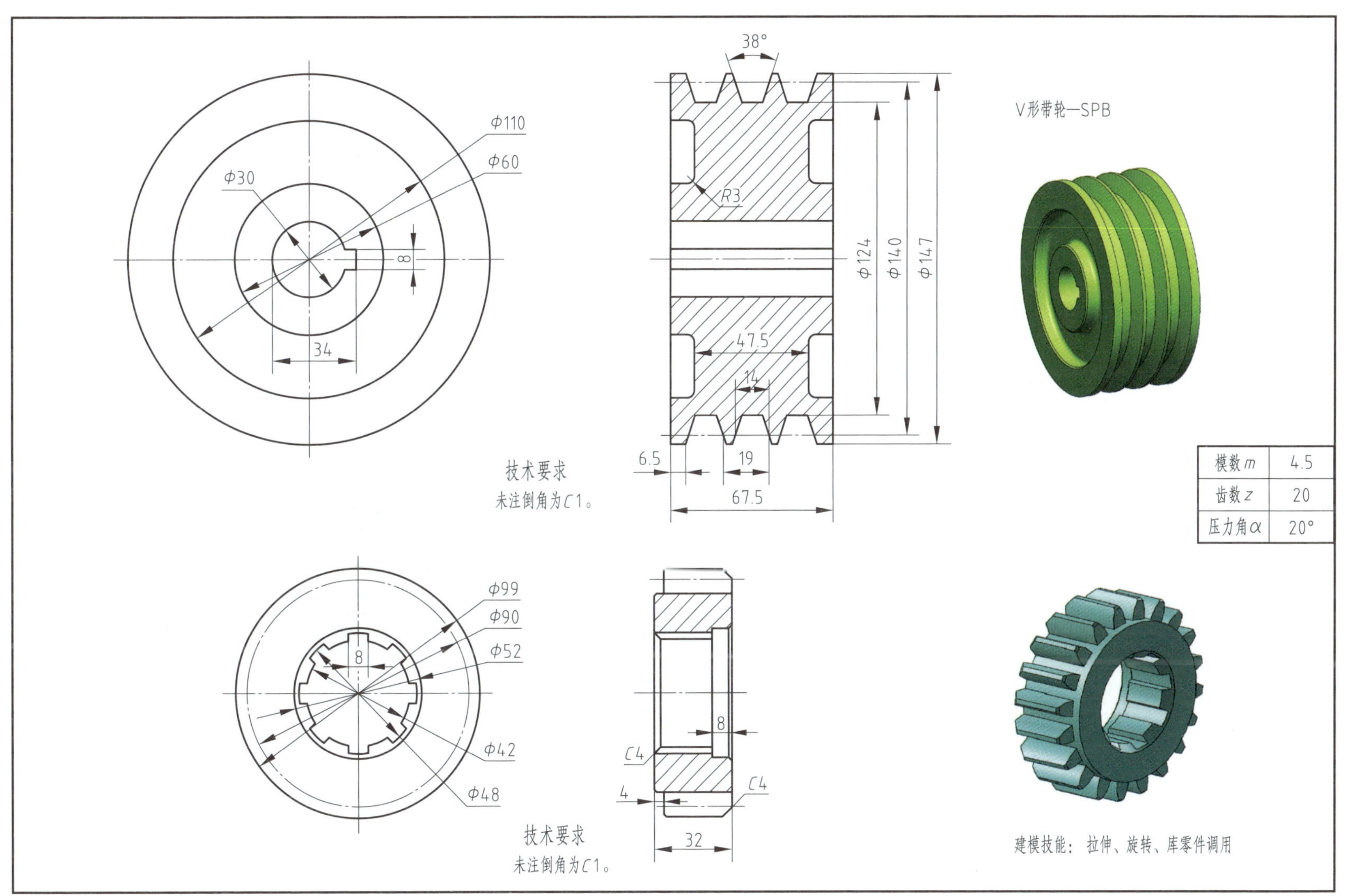

6-9 壳体零件 1

R5
A
2
R1
R225
A—A
5°
5°
20
7
10°
10
60
A
1
1
R127
R20
40
108
6°
R35
38
25
R17
45°
30°
R10
55
R15
5°
127
建模技能：拉伸、拔模、曲面分割实体、替换面

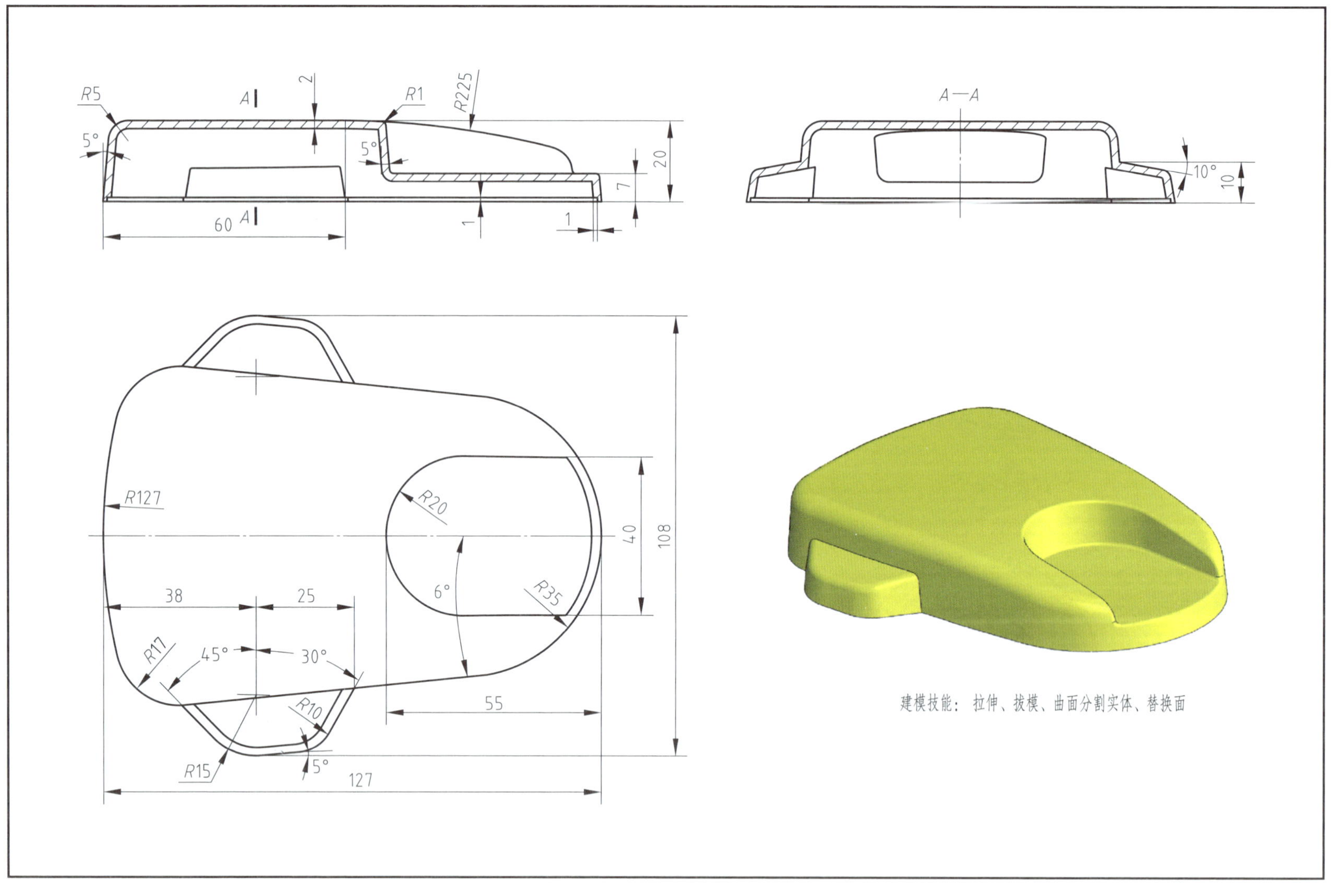

6–10 壳体零件 2

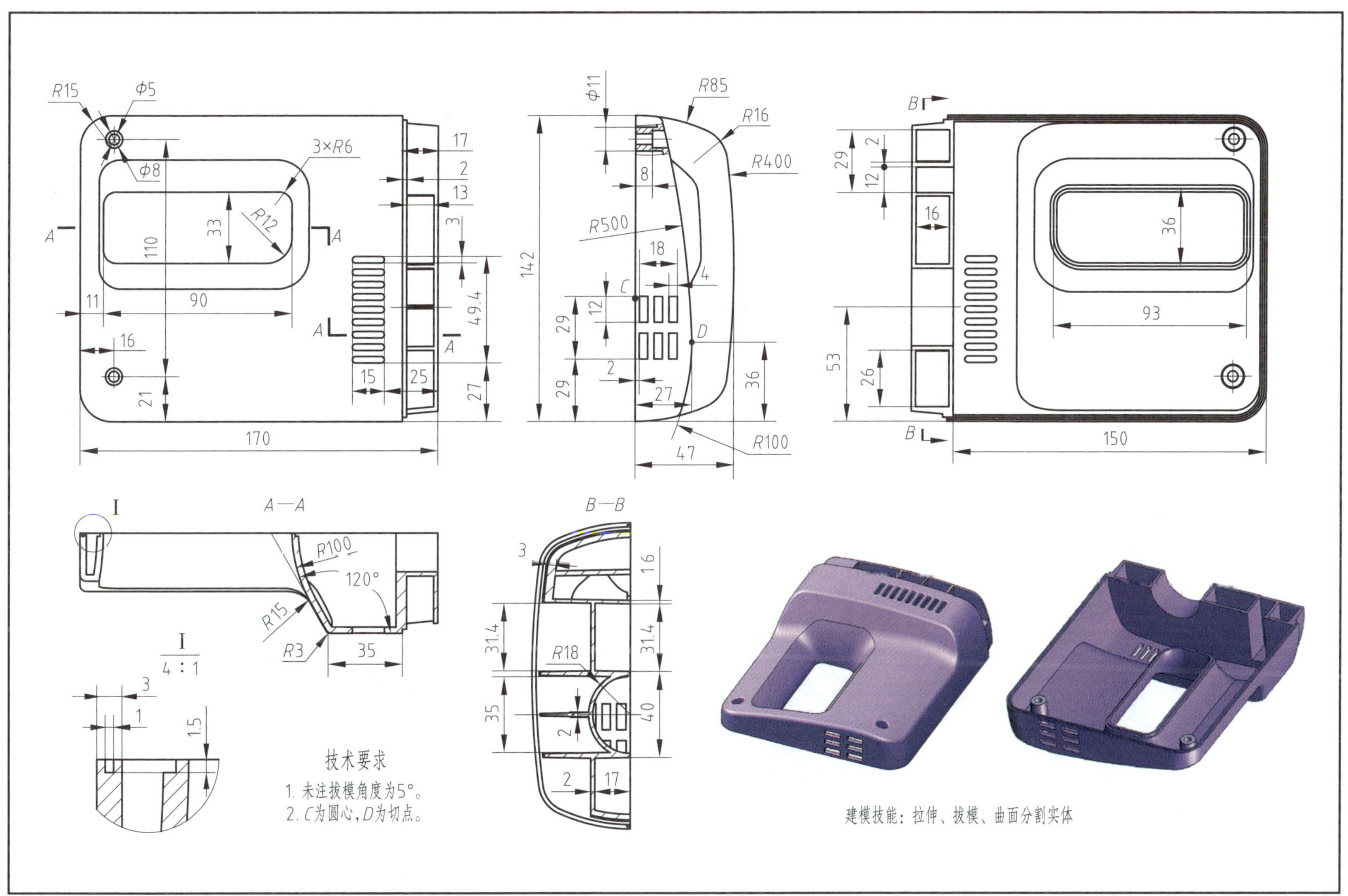

6-11 壳体零件 3

A—A
R10
R5
17
17
2
Φ42
Φ30
Φ18
3
3
100
120
30
凹槽
实体/零件选择(P)
装配凸台4
前视基准面
凹槽选择(G)
面<1>
边线<1>
切线延伸(A)
1.50mm
0.00度
2.00mm
凸台(B)
输入凸台高度(H)
选择配合面(M)
15.00mm
10.00mm
6.20mm
10.00mm
2.00度
3.20mm
3.00mm
1.50mm
1.00度
翅片(N)
等间距(U)
10.00mm
1.00mm
10.00mm
1.00度
2.00mm
60.00度
建模技能：拉伸、装配凸台（扣合特征）、唇缘/凹槽

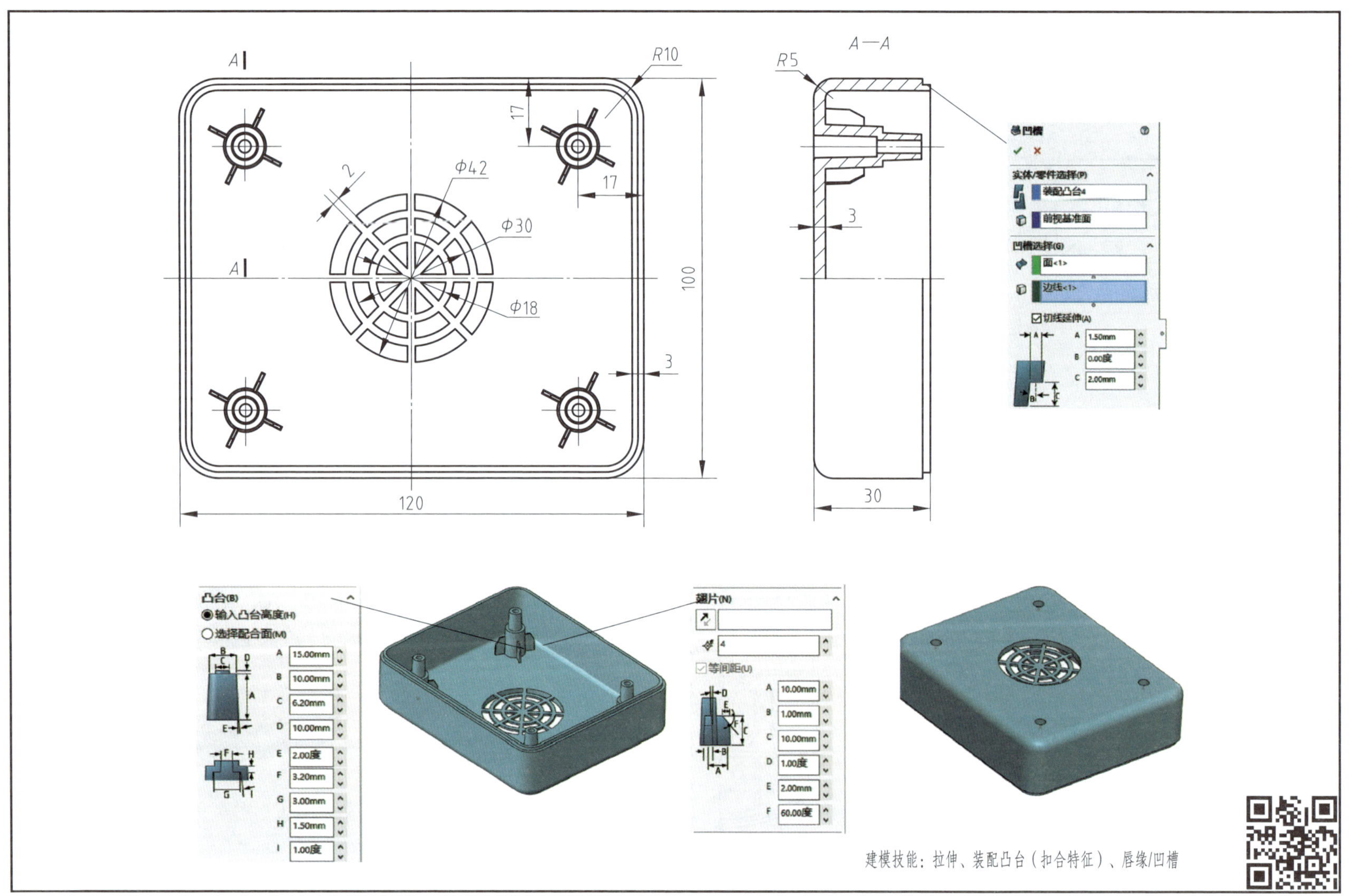

6-12　电话筒

R2
25
4
24
184
R10
R10
ϕ8
12
46
5°
R3
I
5:1
5
R700
I
15
25
10°
100
110
210
凹槽1
A 0.50mm
B 3.00度
C 1.00mm
唇缘2
A 1.00mm
B 0.50mm
C 3.00度
建模技能：拉伸、拔模、唇缘/凹槽(扣合特征)

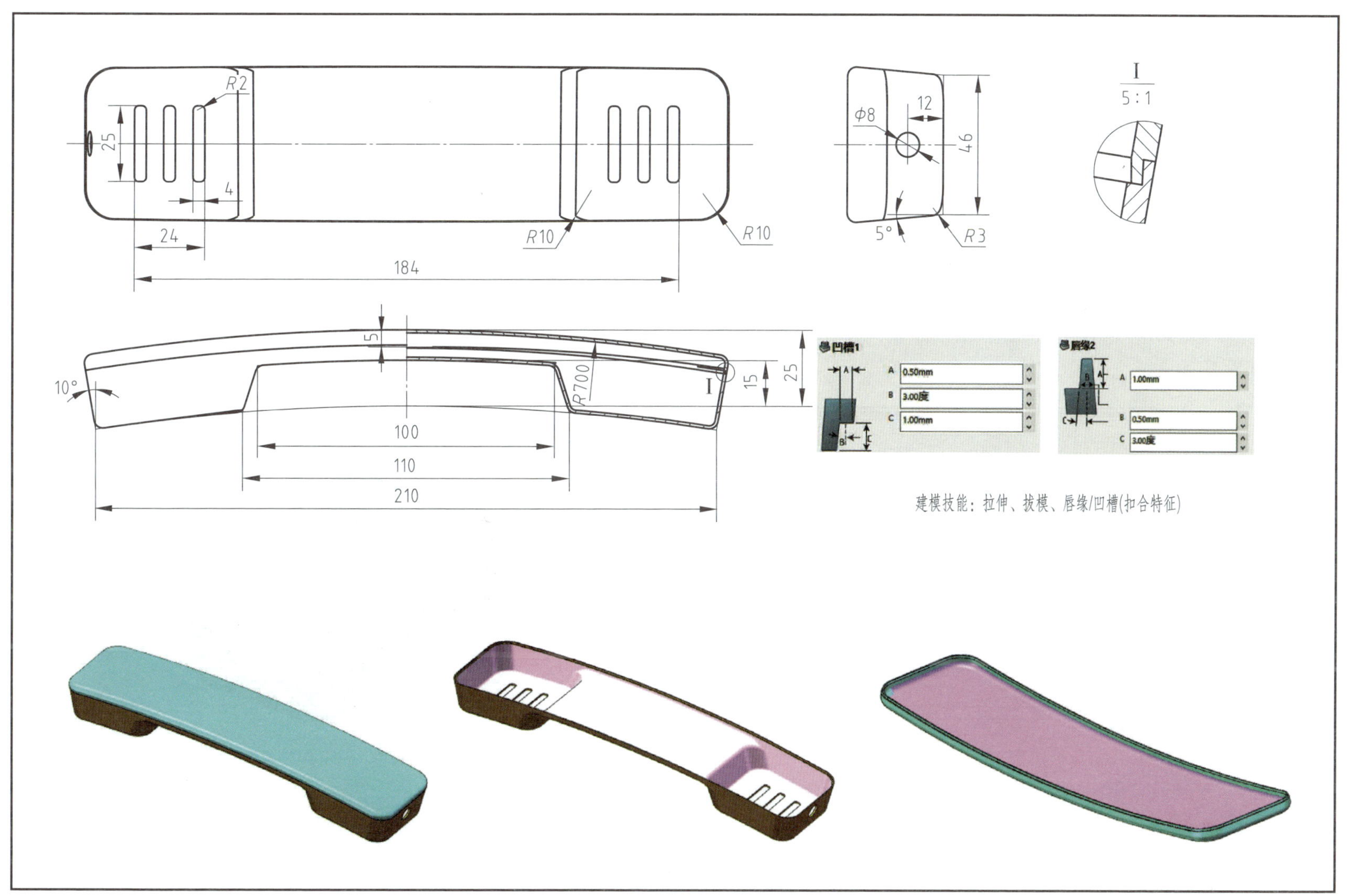

6-13　香皂盒

0.5
1
10°
1
25
R10
12×SR1.5
A
A
22.5
30
10×R0.75
56
58.5
70
20
60
4×R10
20
0.5
2.5
100
建模技能：拉伸、拔模、阵列

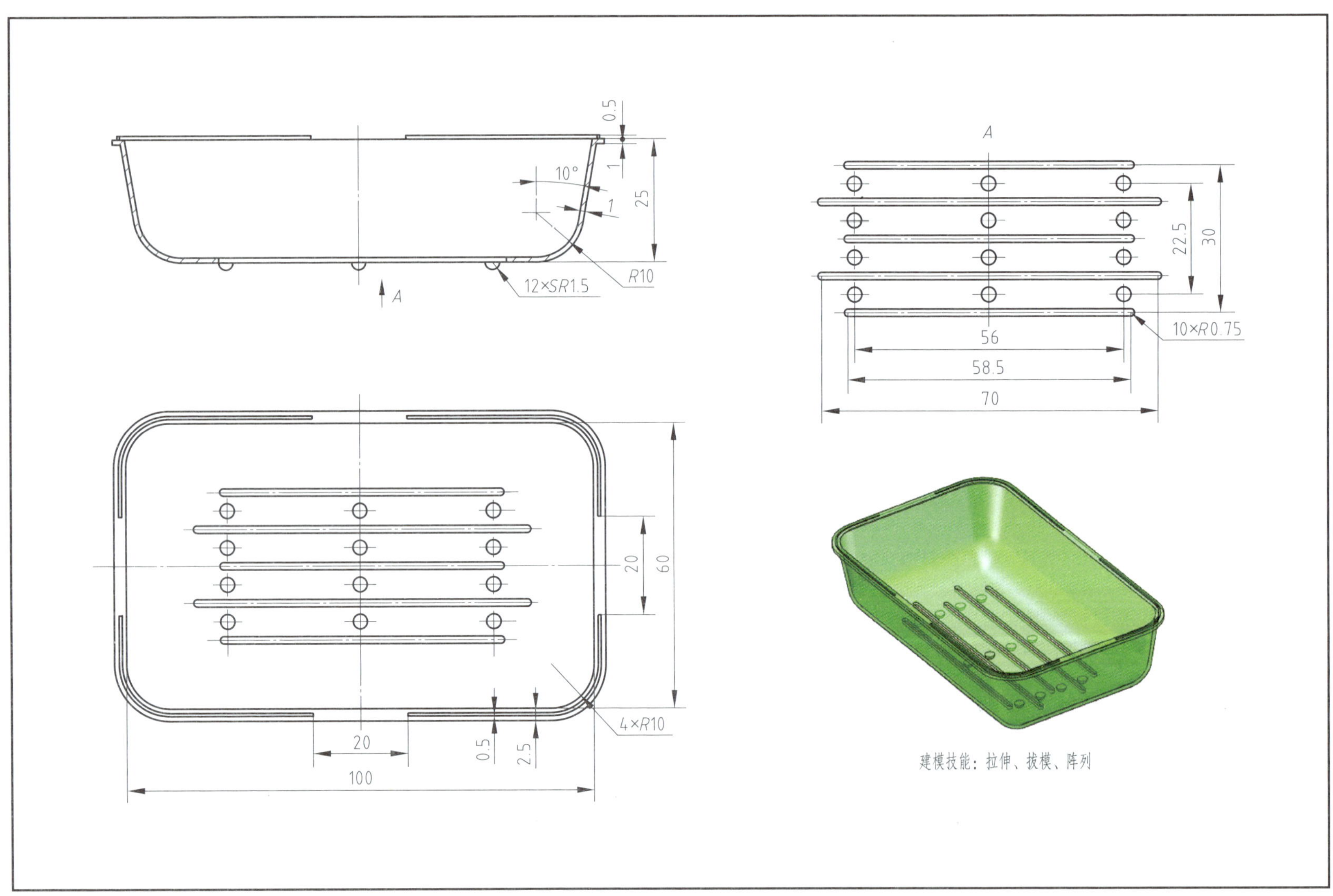

6-14 话筒

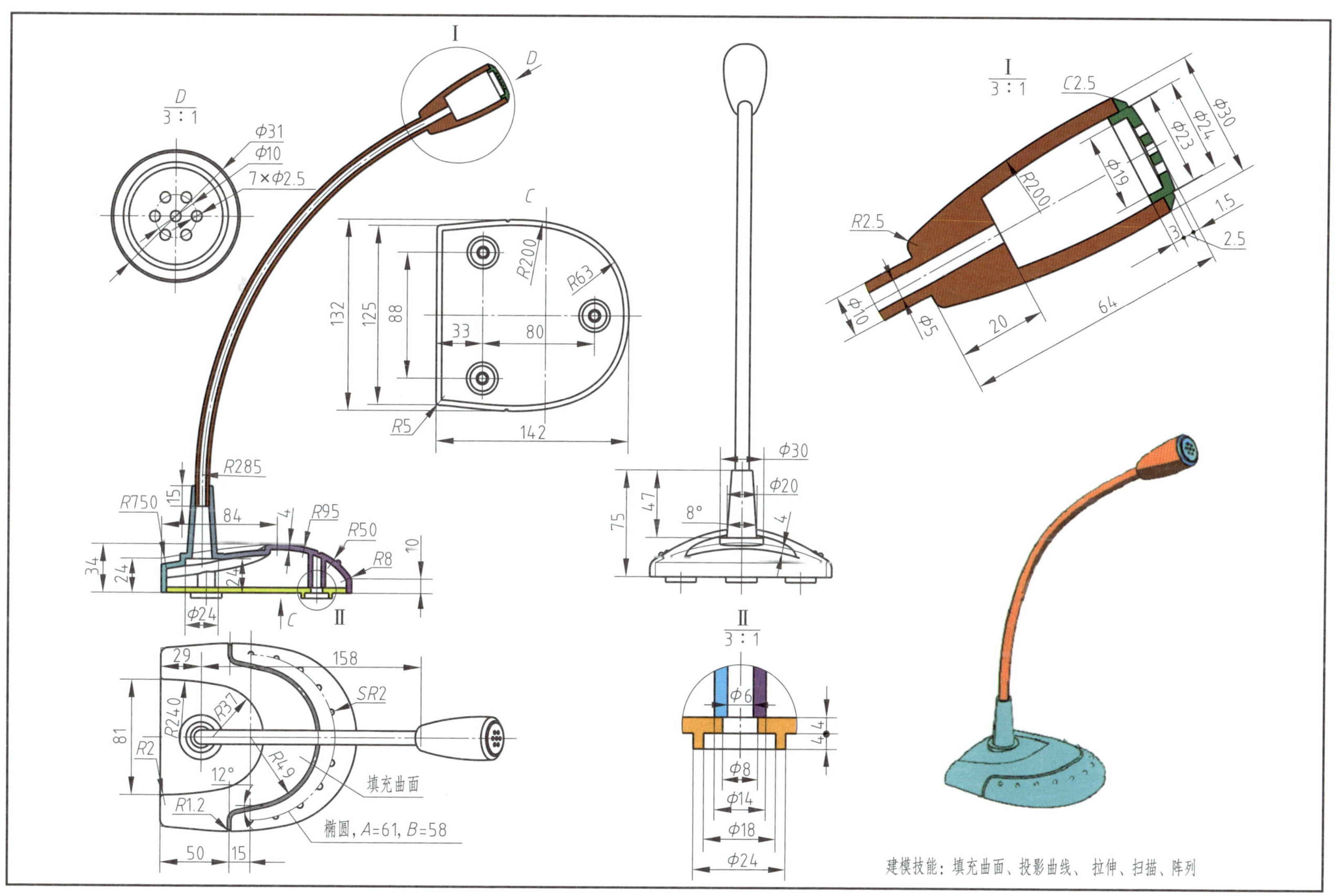

6–15 机械手柄

100
56
40
R10
30°
A
2×M10
A 30°
120
Φ40
R30
R6
R320
12
15
Φ25
I
50°
R36
Φ20
40
20
10
R15
I
2 : 1
2
Φ30
3.5
建模技能：拉伸、旋转、扫描、圆顶

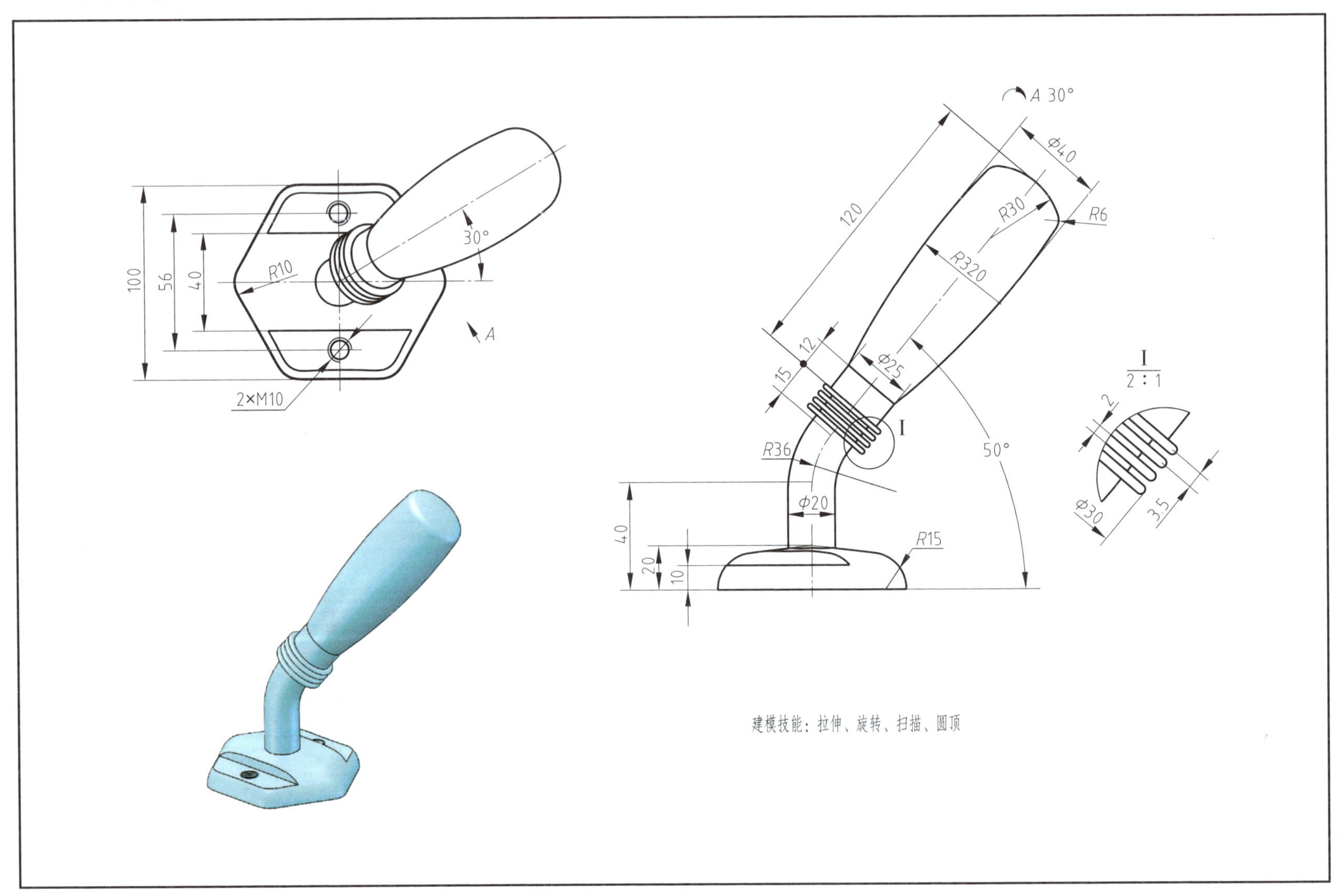

第七章　工业与生活产品建模

7-1　花洒盖

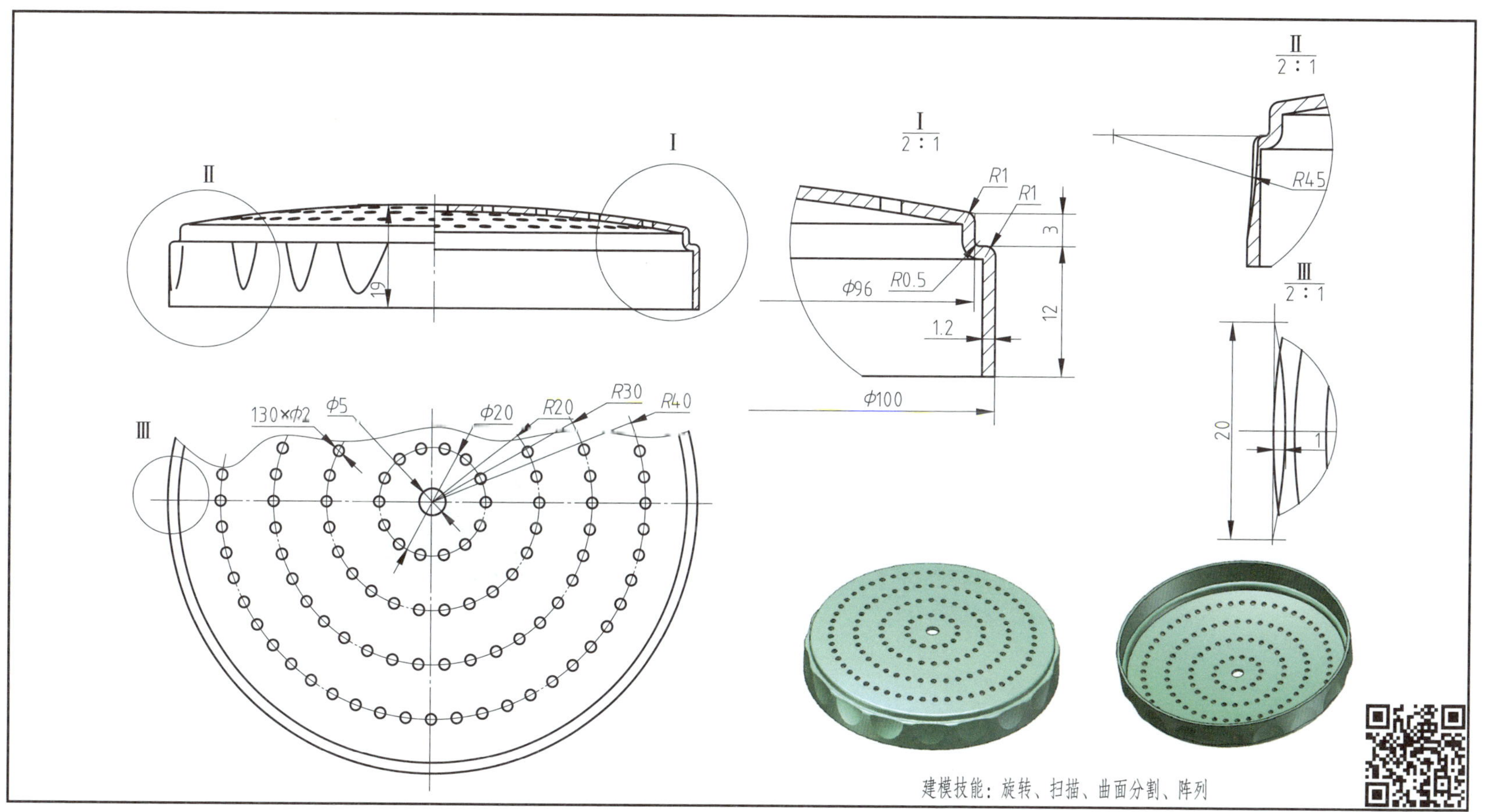

7–2 果盘 1

I
15
80
(R93.52)
SR5
Φ100
I
4 : 1
2
II
4 : 1
2
R21
1
R15
Φ80
R45
II
240
技术要求
未注圆角为R1。
建模技能：旋转、扫描、肋

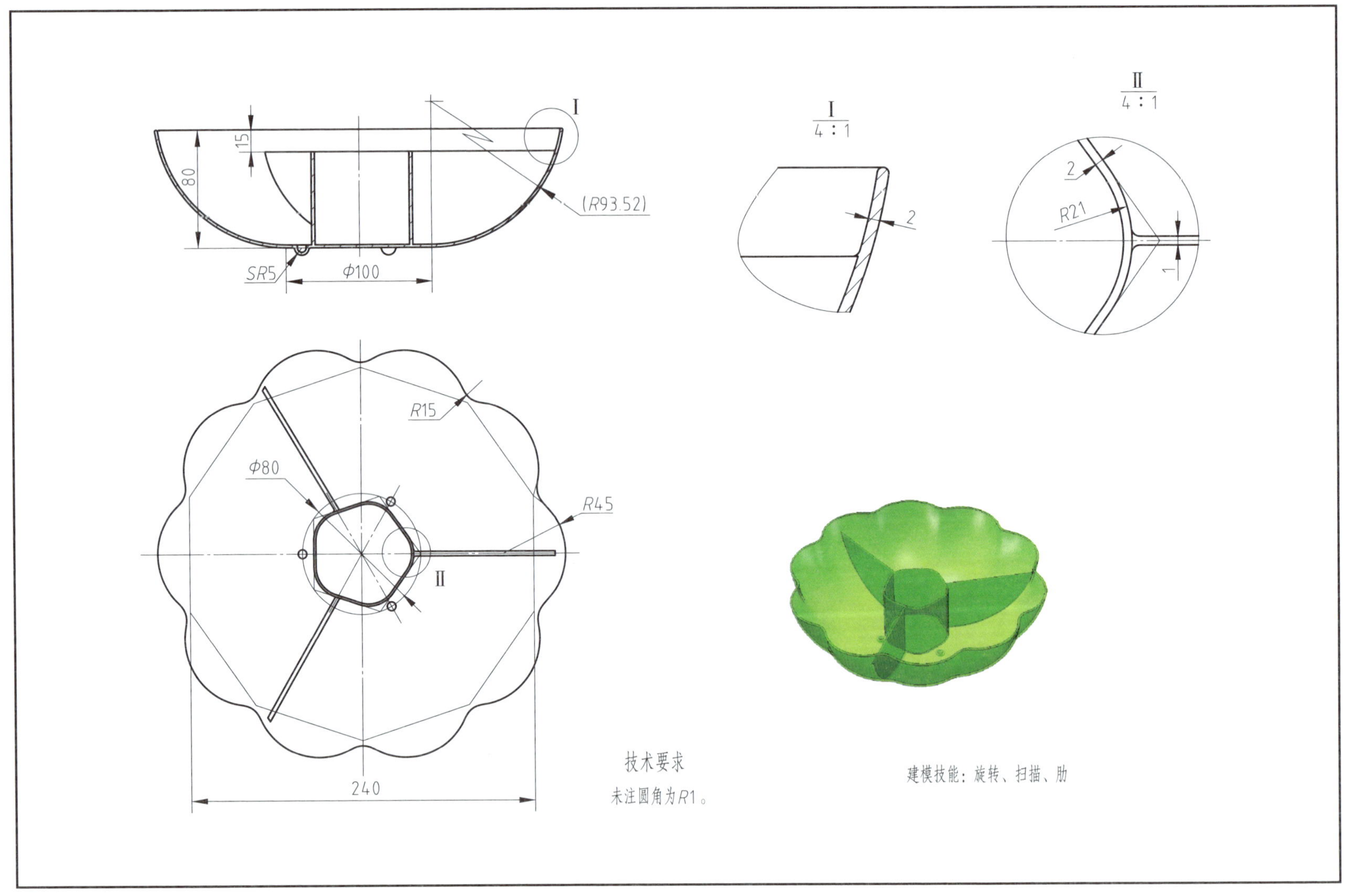

7-3　果盘 2

单片立体图
150
1.50
3.75°
7.50°
150
R135
R135
88
36
1.50
36
7.50°
5
20
分割曲线
150
4.5
0.5
20
7.5°
R133
R135
82
R50
36
技术要求
放样曲面圆周阵列48个。
建模技能：旋转切除、放样、曲面分割、阵列、加厚

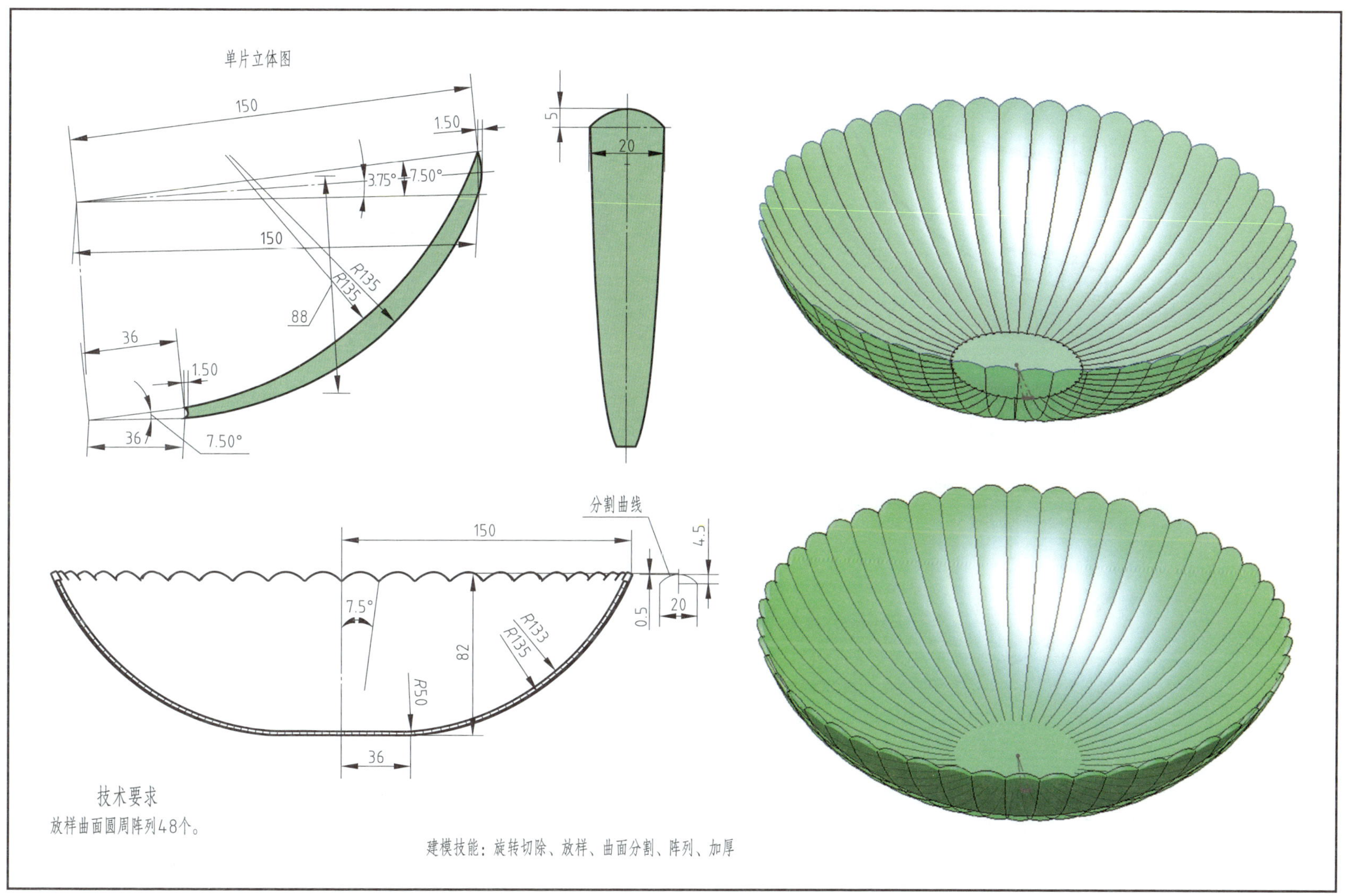

7-4 果盘 3

160
R140
2
84
36
160
20°
36
A
B
曲线法向截面轮廓
Φ1.6
A
45°
B
Φ0.5
160
R2.5
8
86
R140
2.6
3.1
R50
36
Φ85
技术要求
花边轮廓为20个周期，放样实体圆周阵列96个。
建模技能：旋转、放样、包覆

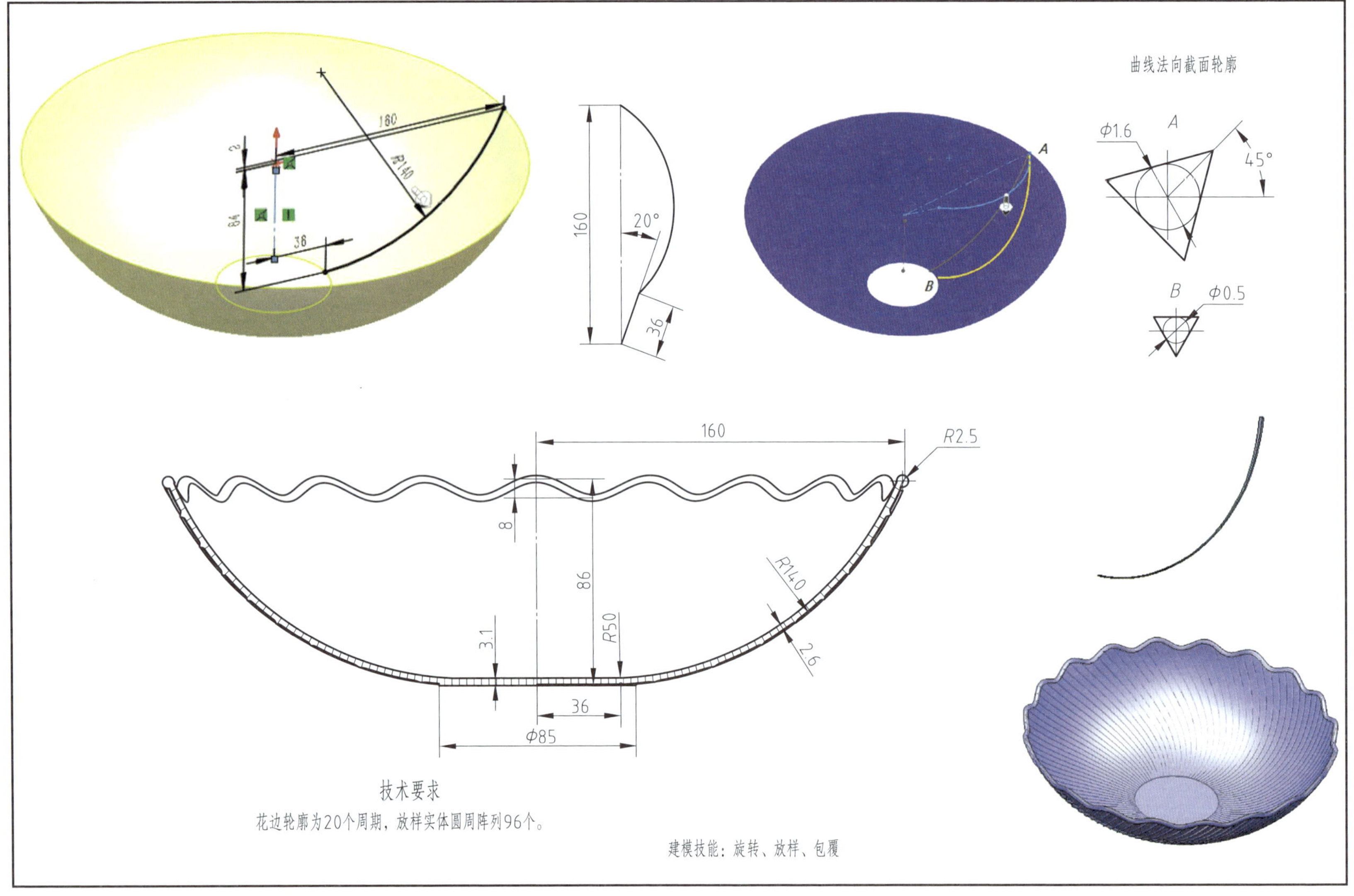

7–5　瓶 1

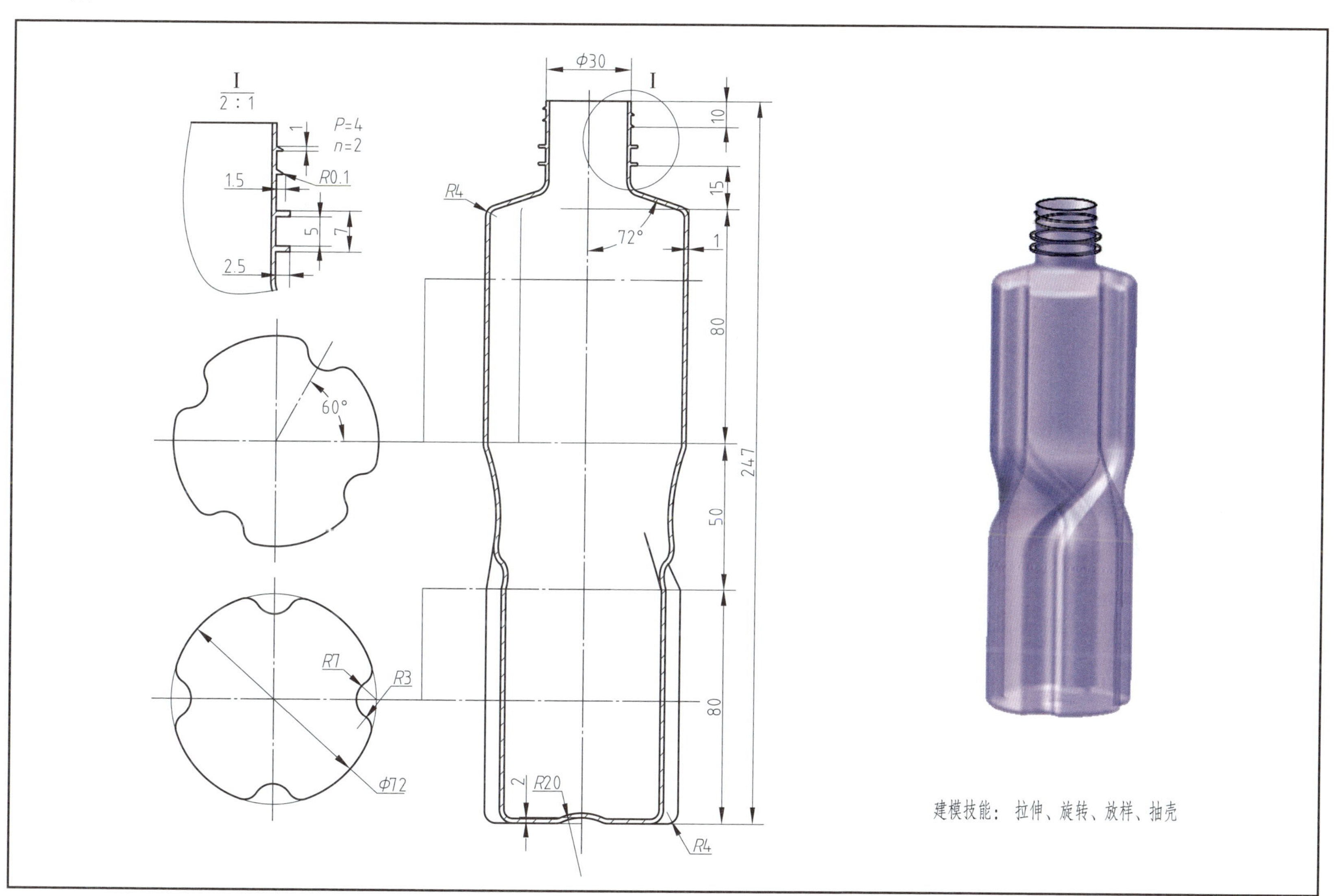

7-6　瓶 2

II
R3
5
100
225
30°
R15
100
I
R3
A
I
2：1
R10
0.6
75°
II
2：1
P=4
n=2
Φ16
1.5
R0.3
12
16
2
0.8
2.5
A
2：1
5
6
R1.5
R1.5
Φ40
45°
建模技能：旋转、拉伸、放样、投影曲线

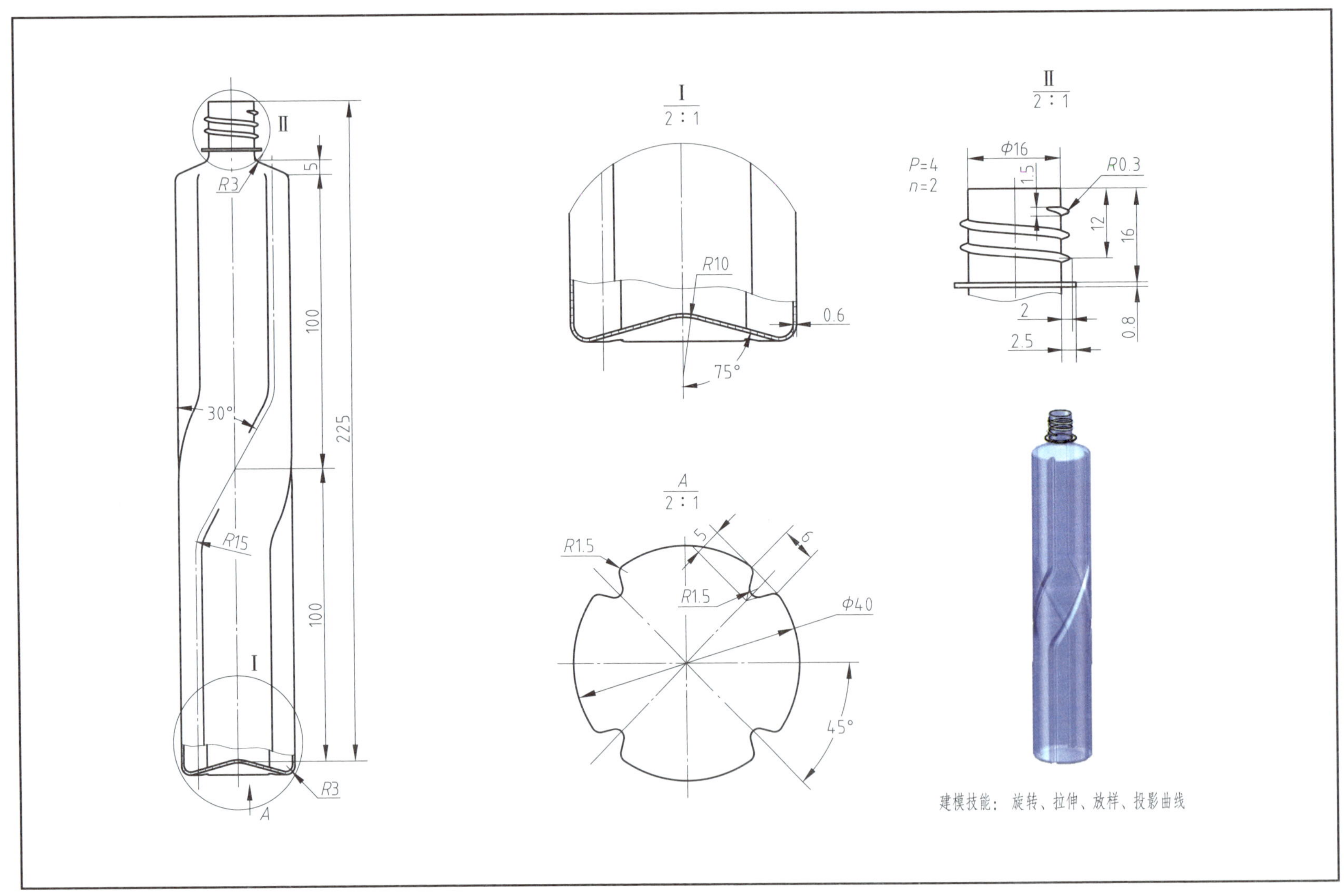

7-7　瓶 3

A
I
R2
80
225
40
80
弯曲部位
弯曲90°
A
2∶1
R10
R2
Φ60
Φ32
Φ25
Φ23.8
I
2∶1
收尾
R0.3
P=5
n=2
2
15
20
2.5
1
技术要求
1. 未注圆角为R2。
2. 瓶壁厚为1。
建模技能：旋转、拉伸、弯曲

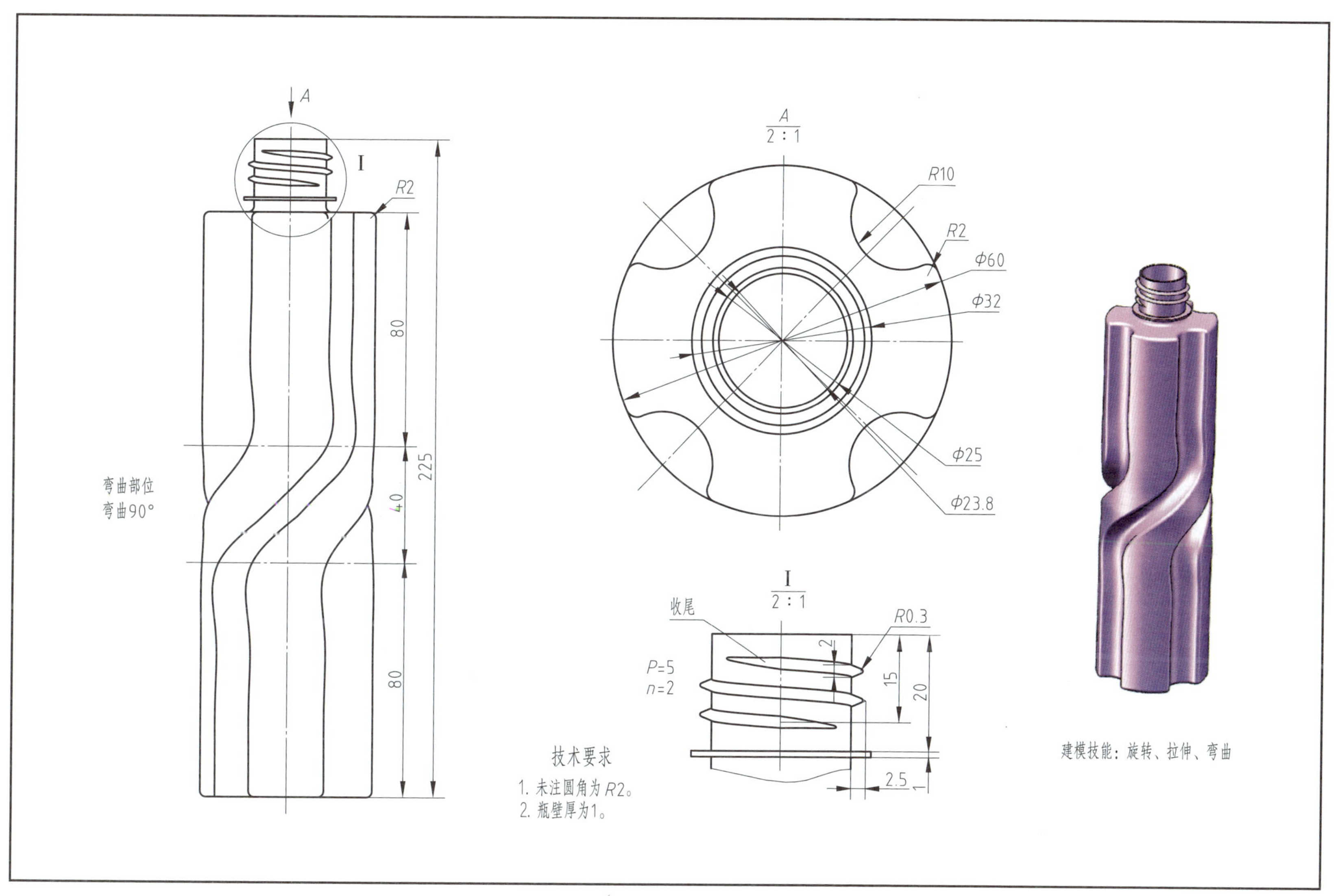

7–8 瓶 4

R20
R40
R120
R60
R120
R15
Φ116
I
25
70
315
80
40
8×12
SR2.5
R1.5
15
A
6
25
R40
R80
A
I
4：1
P=4
n=2
R0.3
4
2
20
2
1
Φ26
Φ32
A扫描截面轮廓
R12
48
44
瓶盖
2
21
Φ26.2
Φ32
1
0.3
建模技能：旋转、扫描、曲面分割、曲线驱动阵列

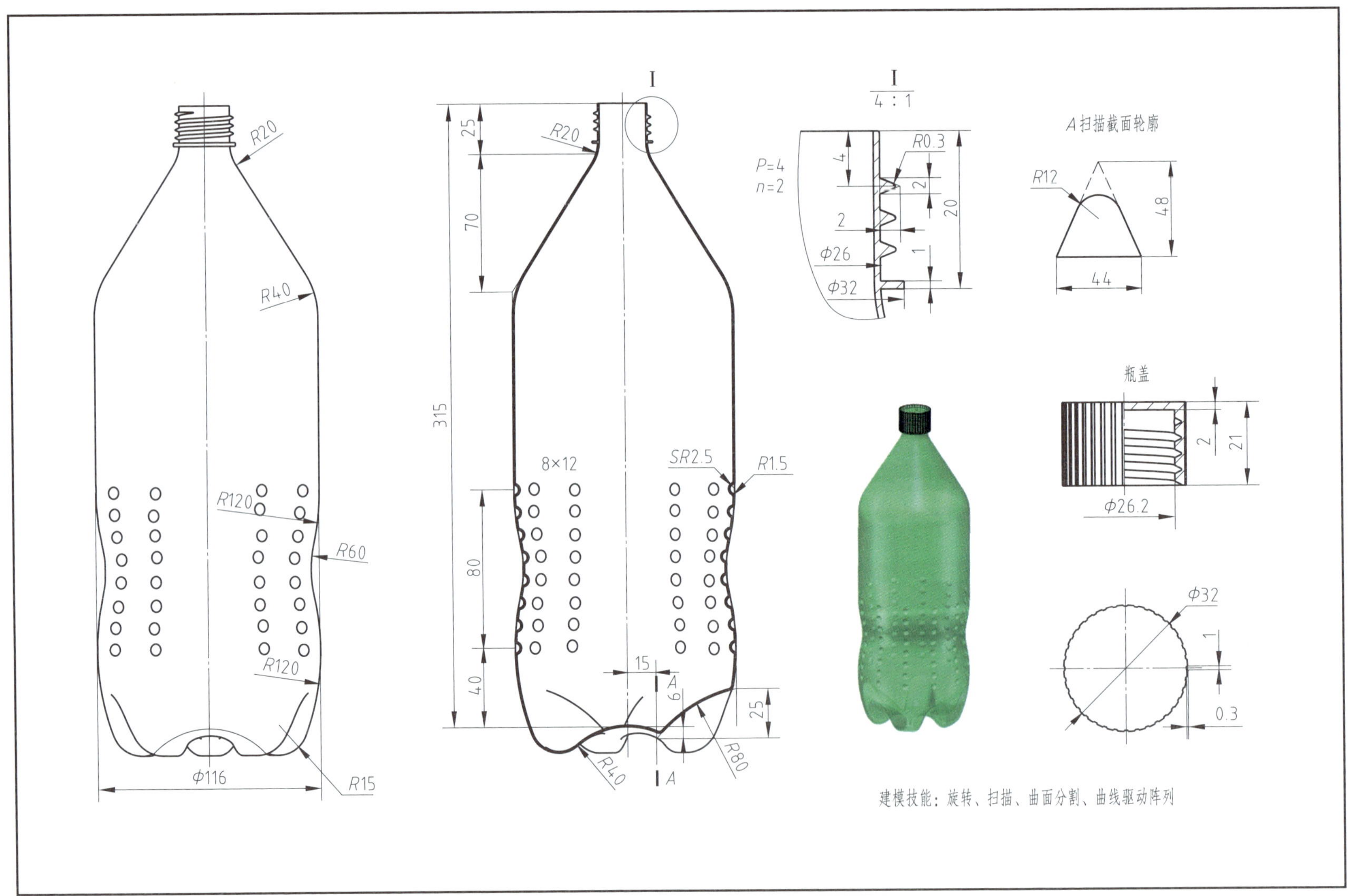

7-9 瓶 5

A
3
2
R1.5
2
26
R15
80°
R3
R2
5.5
17
100°
R20
20
80°
R4
15
70°
28
R3
4
30°
SR26
R4
A
Φ56
扫描引导线和路径轮廓
R4
Φ60
引导线
路径
56
建模技能：引导线扫描、抽壳

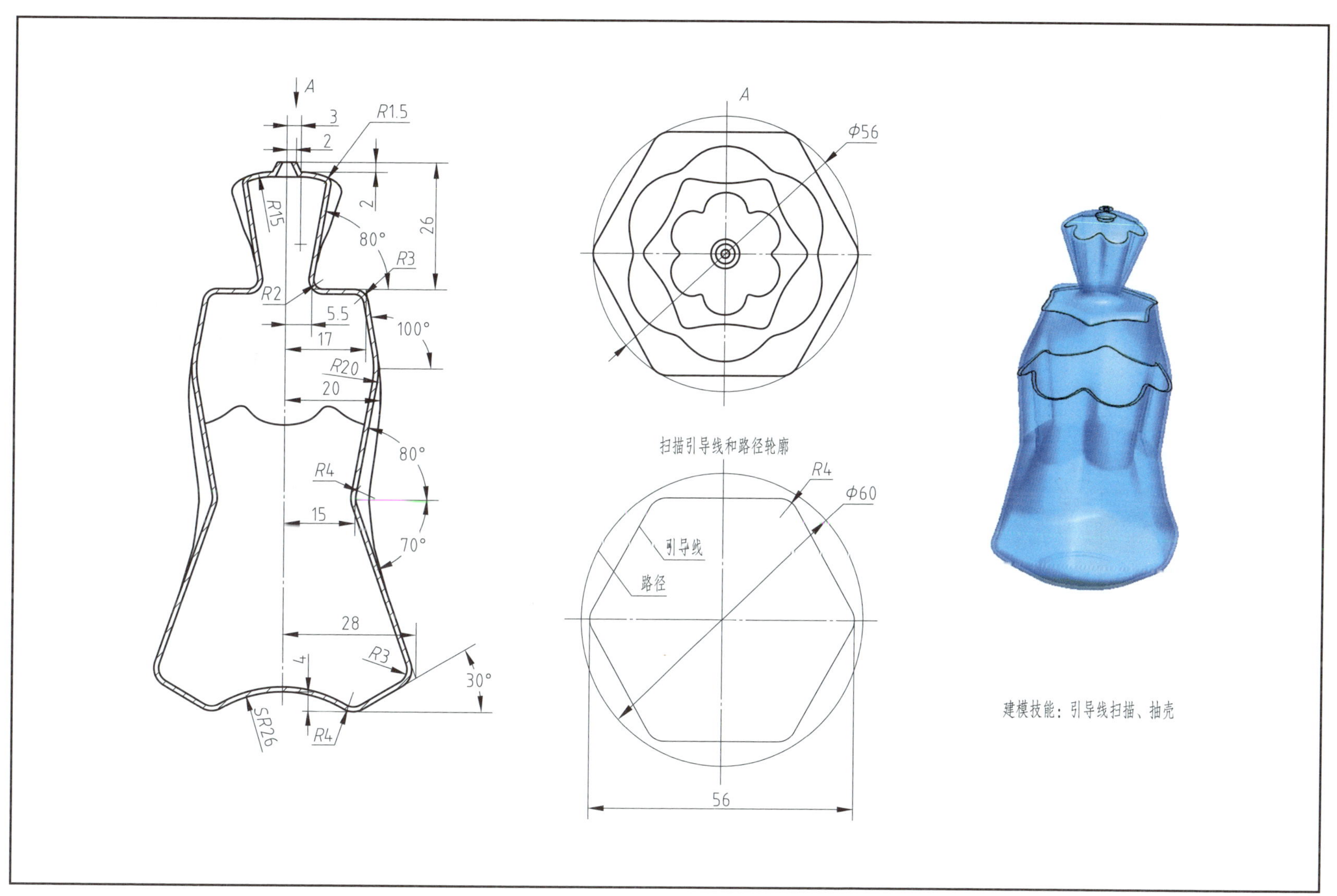

7-10 洗手槽玩具

放样截面轮廓
B—B
C—C
D—D
技术要求
1. 未注圆角为R0.5。
2. 放样引导线L_1和L_2为样条线。
建模技能：拉伸、引导线放样

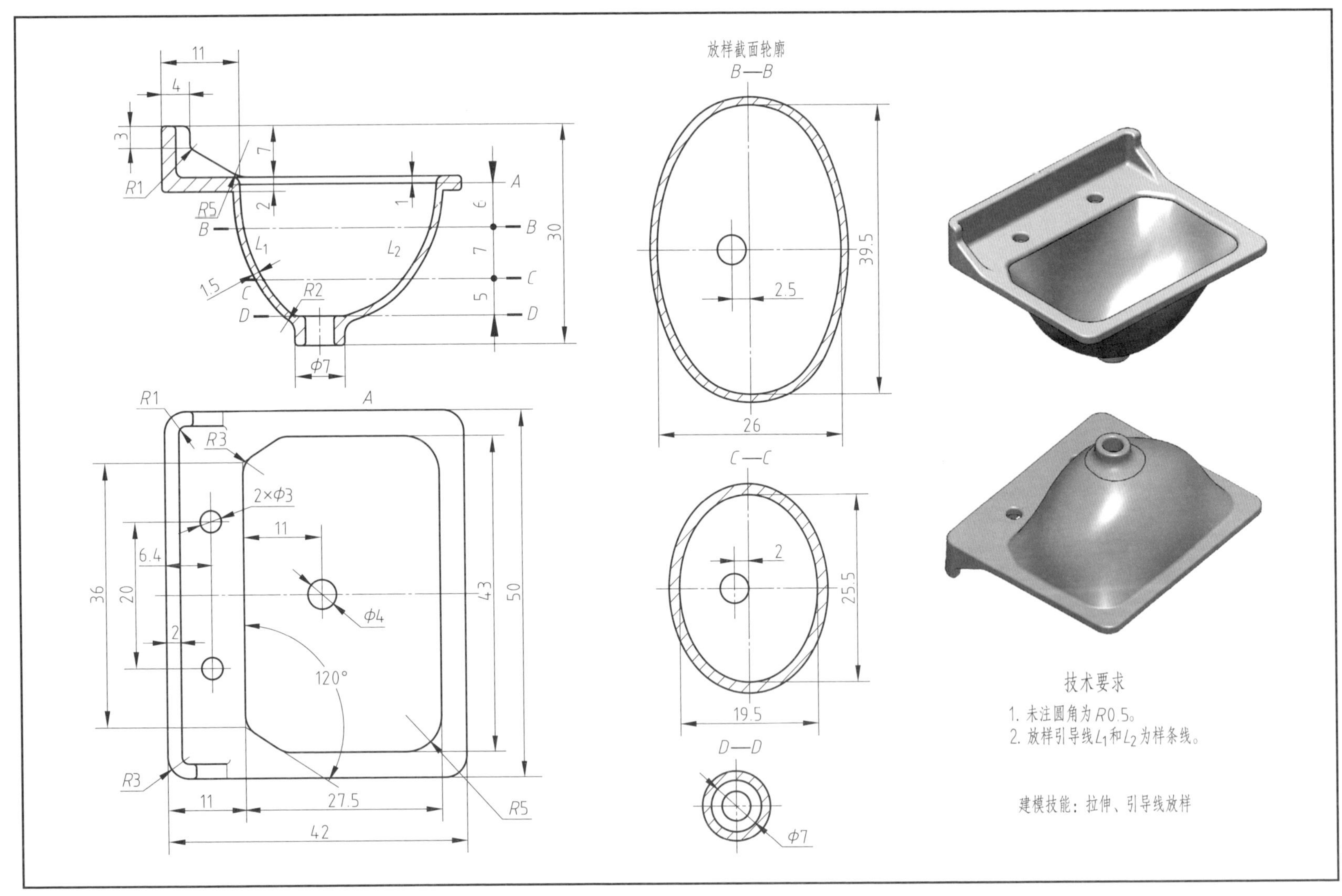

7-11　卡通玩具

法向截面轮廓
C
R10
(70,9)
1
A
25
35
B
ϕ15
20
10
30°
(-35,35)
3.5
14
30
C
O(0,0)
18
40
C
SR65
R28
A(70,-35)
50
B(115,-70)
R6
SR80
R70
R7.5
90
60
60
ϕ45
ϕ50
55
70
技术要求
1. 基体和脚采用旋转方式建模，手采用中心线放样方式建模。
2. 眼睛和肚子部位采用拉伸切除方式建模，分别内凹0.2和1。
建模技能：中心线放样、圆顶、拉伸、旋转

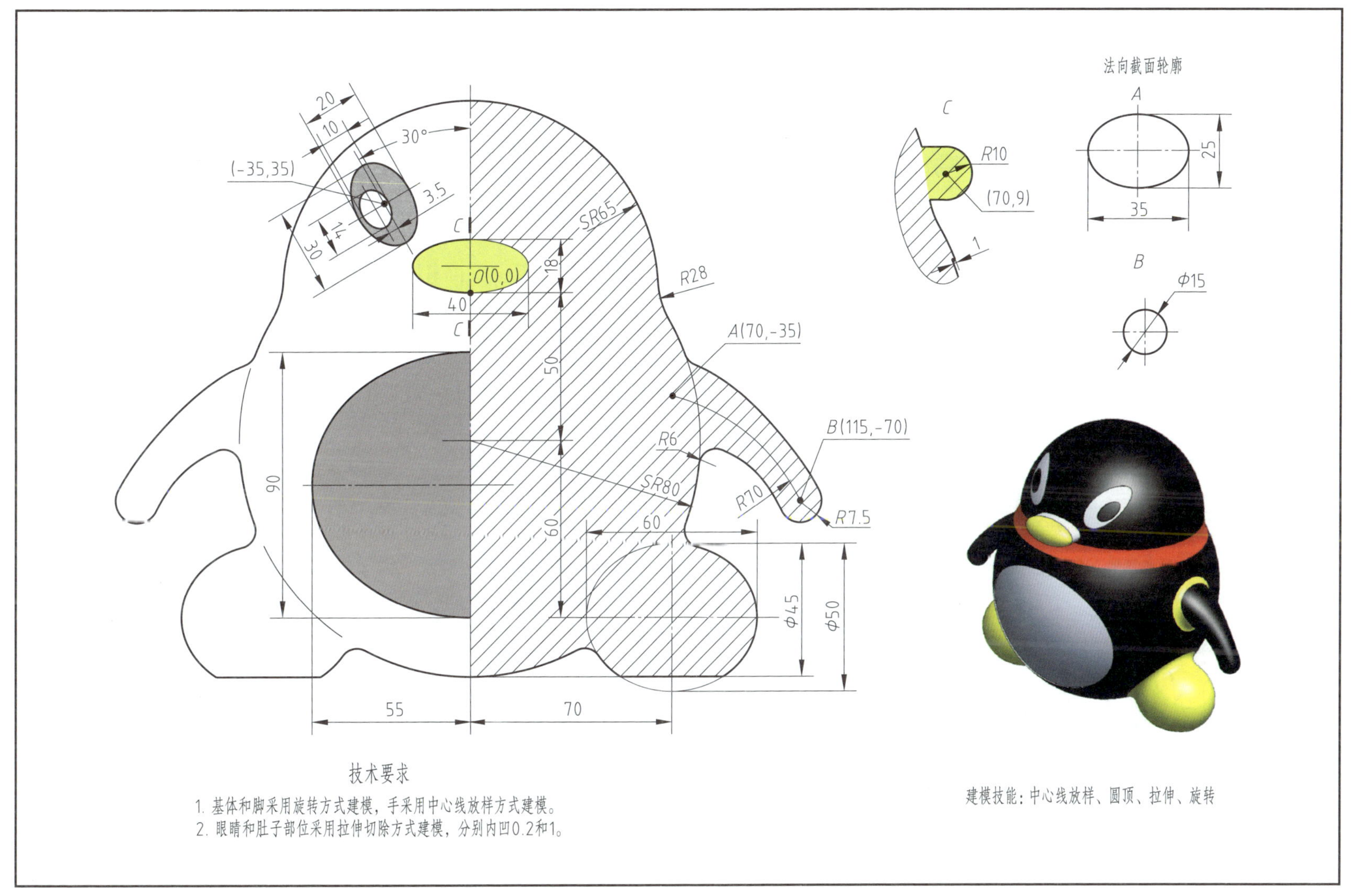

7-12　香炉

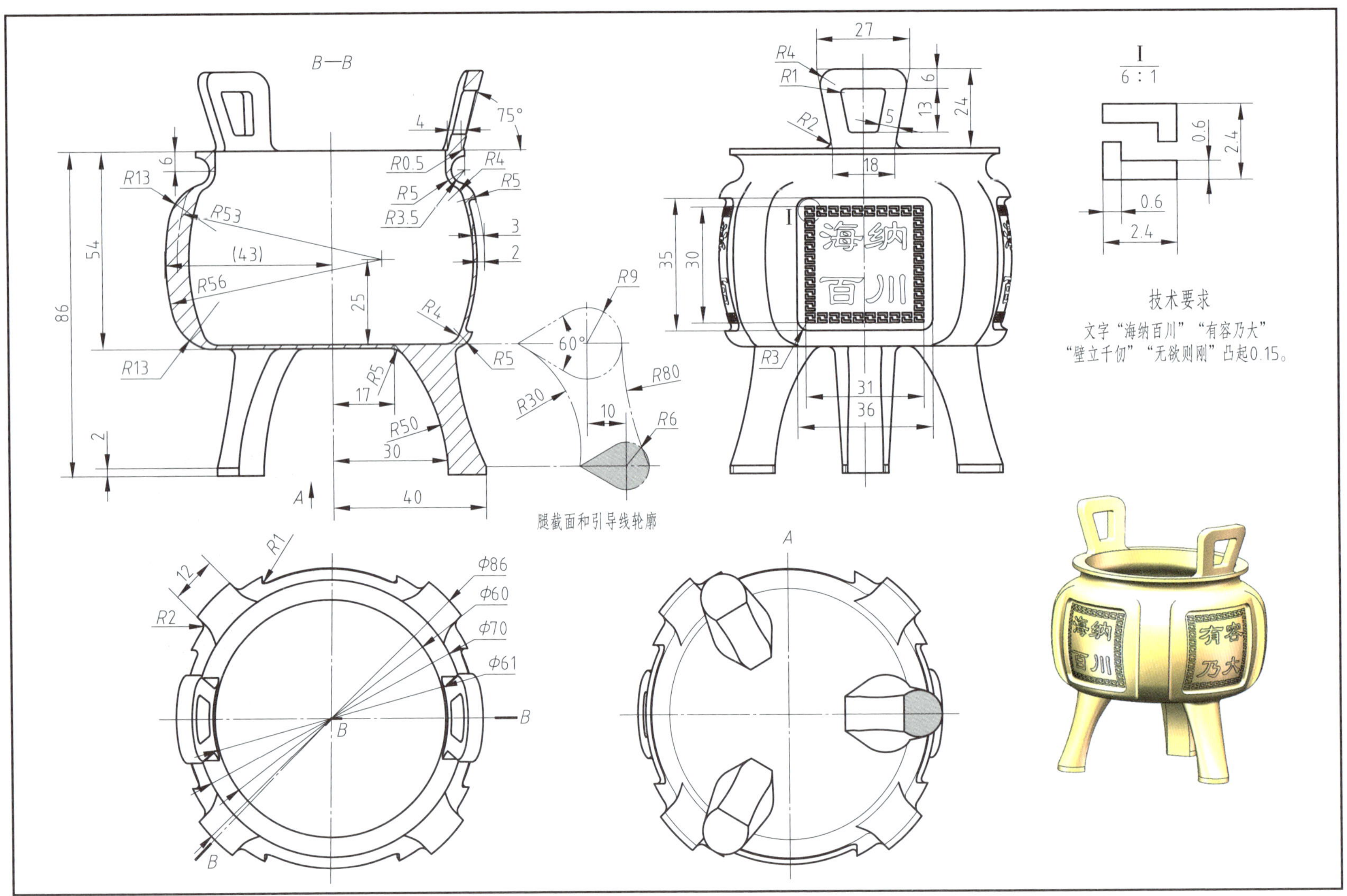

7-13　塑料桶

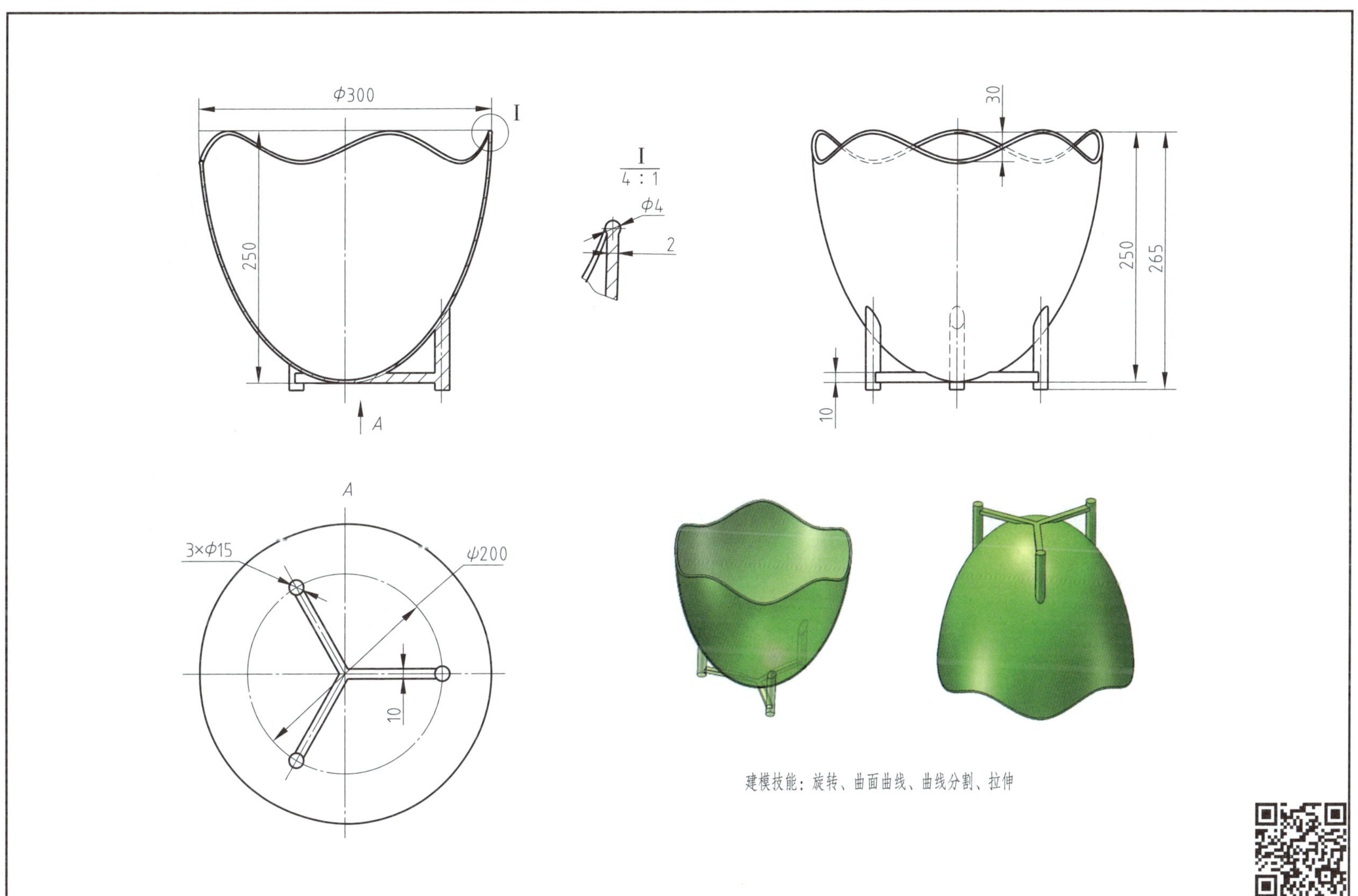

建模技能：旋转、曲面曲线、曲线分割、拉伸

7-14 烛台

I
A
旋转曲面轮廓
234.5
Φ5
圆顶高3
22
R16
O(0,0)
2
Φ30
Φ128
I
4 : 1
Φ50
R3
22.5
0.5
R3
Φ40
A
技术要求
1. 旋转曲面轮廓（样条曲线）节点坐标为（6，20）、（45，120）、（34，152）、（19，174）、（8，220）。
2. 文字“岁月静好 世界和平”凸起0.3。
建模技能：旋转曲面、扫描、相交曲线、圆顶、包覆

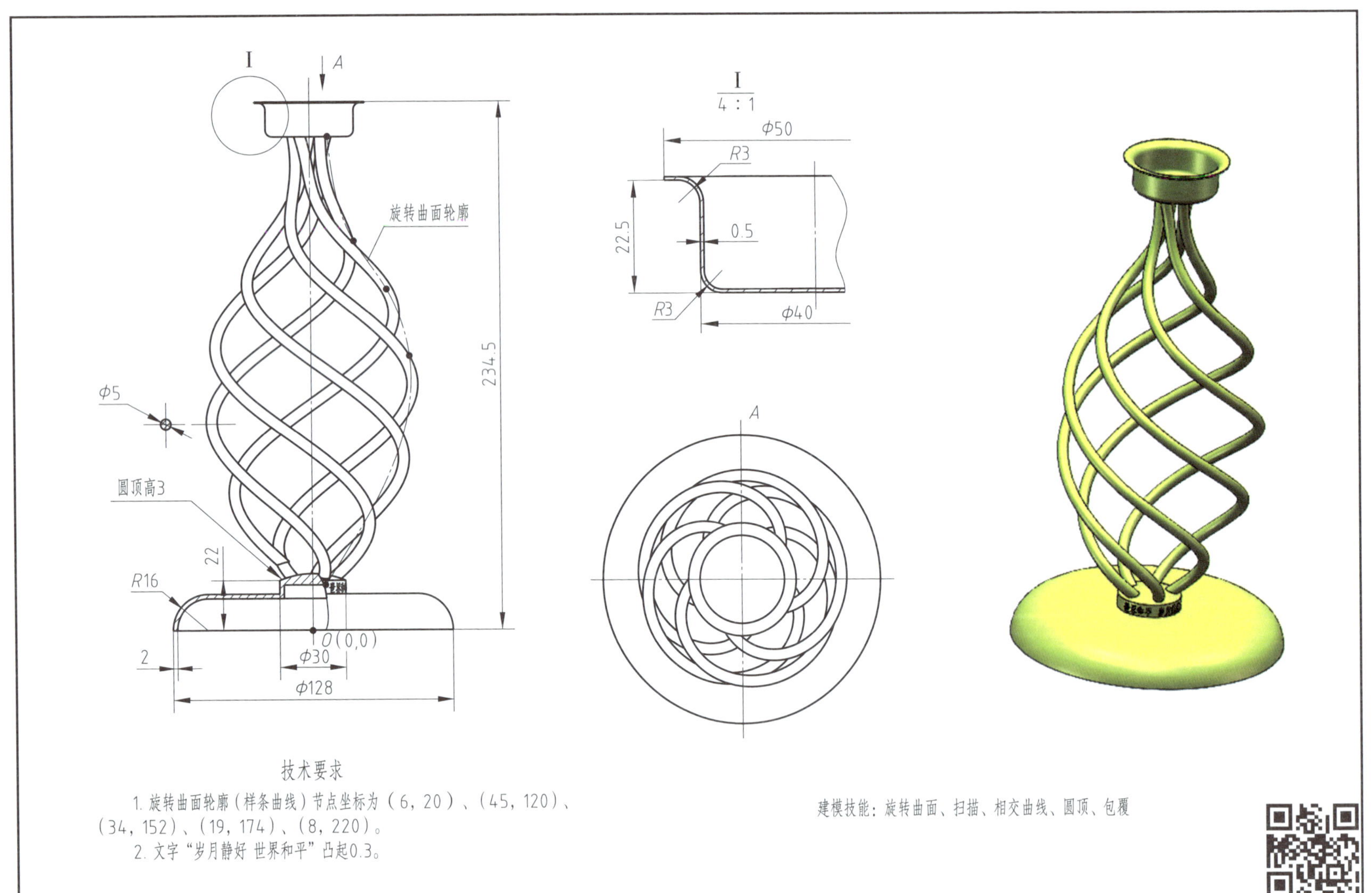

7-15 汽车车轮

轮胎A—A
R10
R2
R2
R135
⌒3
⌒5
18
2
38
6
50
轮胎凹形截面
90°
8
5
90°
24
轮毂A—A
R0.5
1
ϕ20
ϕ17
10
70°
2.5
R4
8
2
3
5
15
10
技术要求
外形圆周阵列20个。
R4
ϕ23
ϕ12
6
5×ϕ4
A
A
(ϕ100)
(ϕ62.72)
建模技能：旋转、拉伸、圆周阵列
轮毂
轮胎

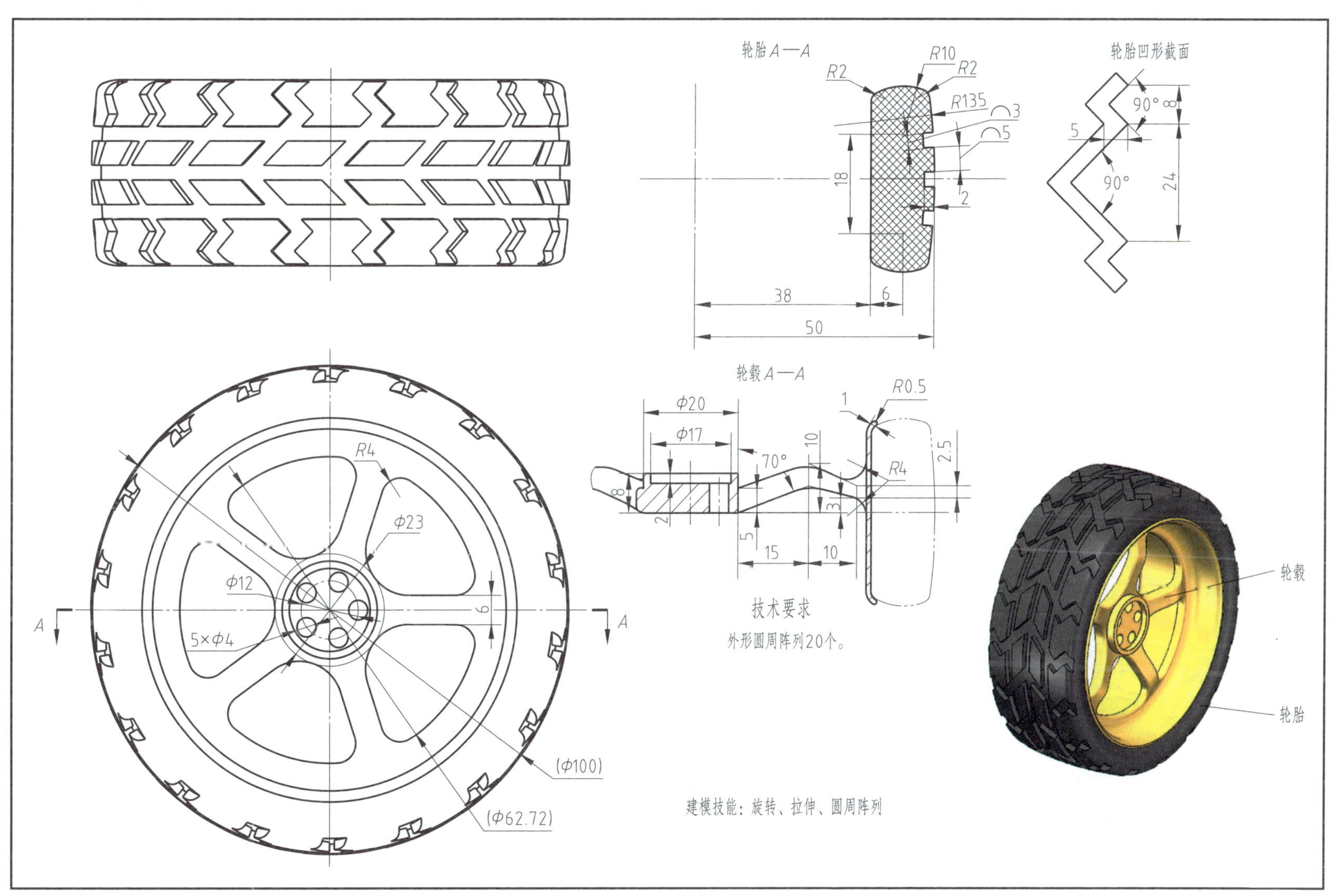

第八章　零件 2D 铣削加工

8-1　零件 1

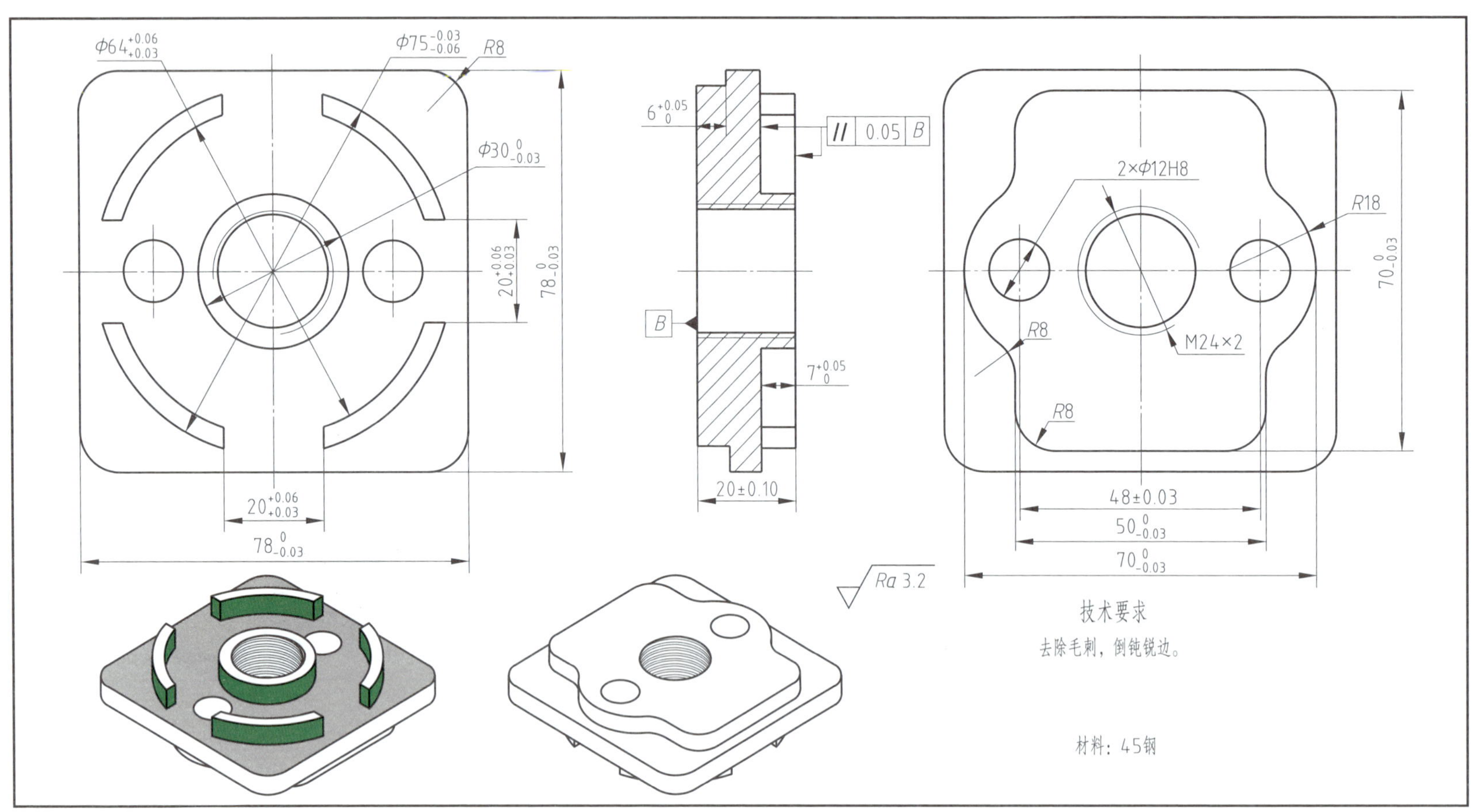

8-2　零件 2

Φ76
$16^{+0.06}_{+0.03}$
2×Φ12H8 Ra 1.6
R10
R8
30°
Φ36
$20^{+0.03}_{0}$
$54^{+0.06}_{+0.03}$
$88^{0}_{-0.03}$
12
R8
$12^{+0.03}_{0}$
$68^{0}_{-0.03}$
$88^{0}_{-0.03}$
// 0.05 A
R150
A
R1
$5^{+0.03}_{0}$
10±0.03
20±0.10
R6
R8
R6
□$44^{0}_{-0.03}$
$60^{0}_{-0.03}$
R7.5
Φ25
$64^{0}_{-0.03}$
Ra 3.2 (√)
技术要求
1. 去除毛刺，倒钝锐边。
2. 梅花槽宽度为2，槽深度为2。
材料：45钢

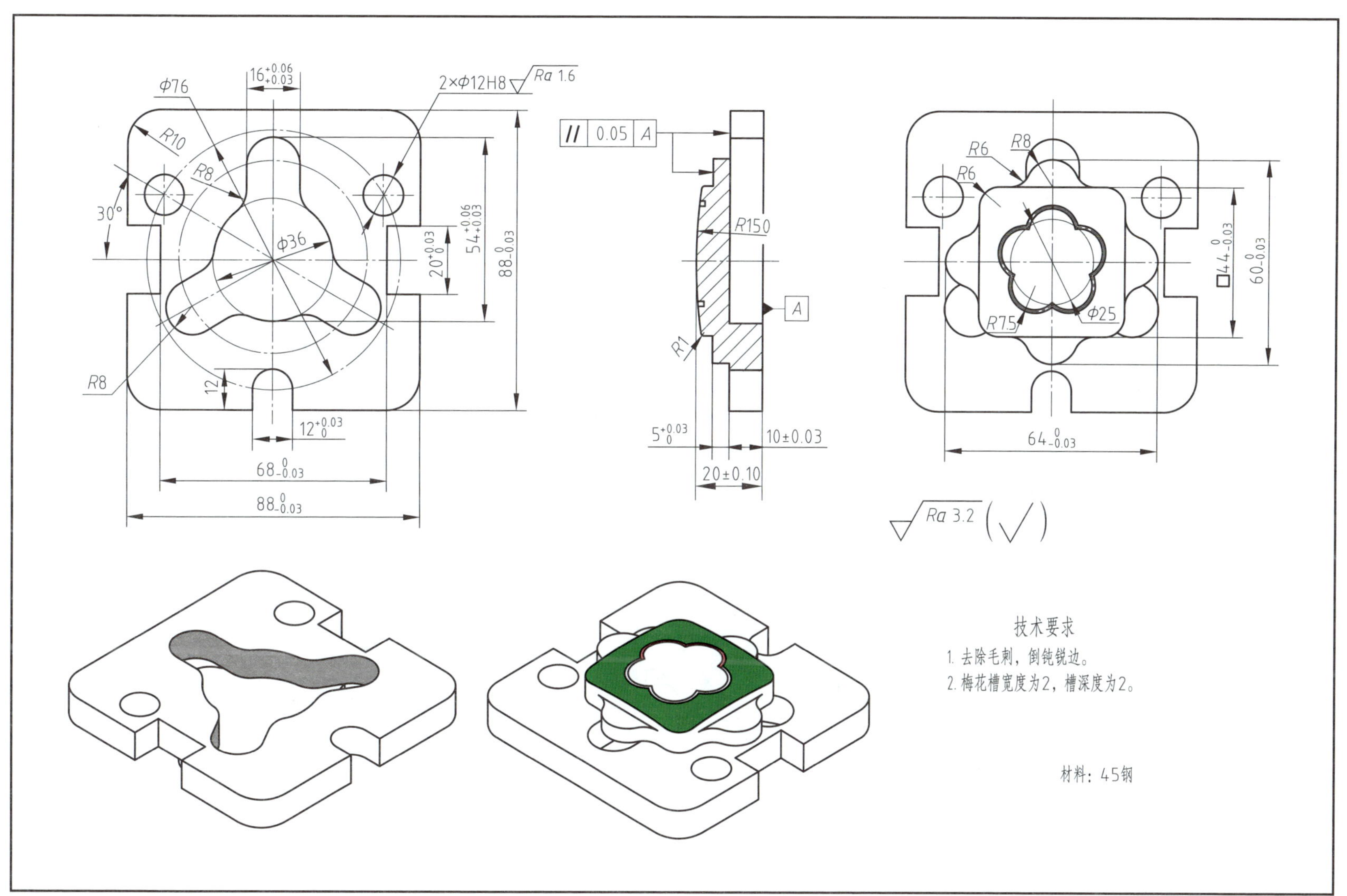

8–3　零件 3

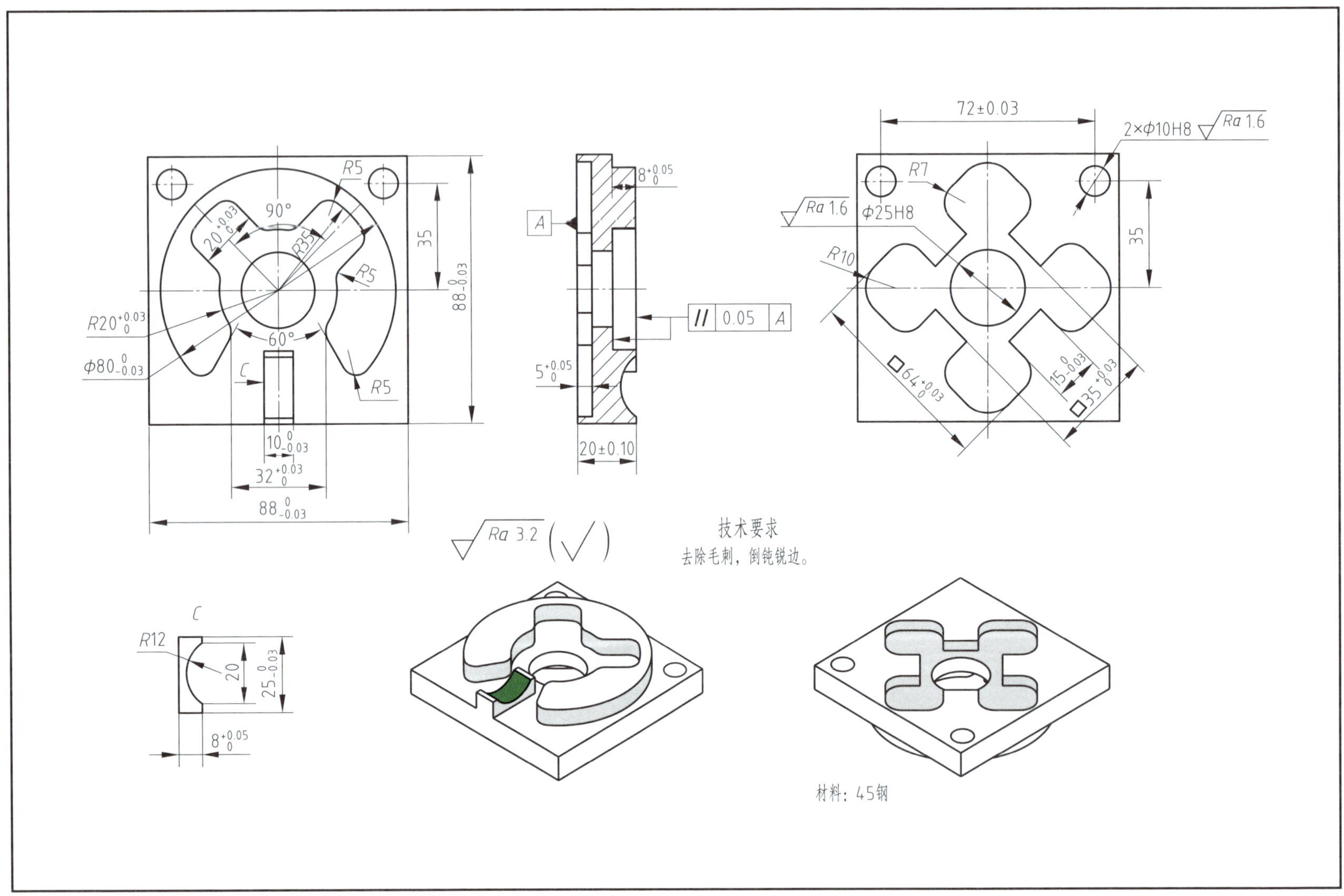

8-4 零件 4

正弦曲线，振幅为6
2±0.03
R68
R25
60°
R8
42 +0.03 0
68 +0.03 0
72 0 -0.03
88 0 -0.03
42 0 -0.03
64 +0.03 0
70 0 -0.03
88 0 -0.03
SR10
A
// 0.05 A
10 +0.05 0
20±0.10
2×Φ12H8 Ra 1.6
40±0.03
0.03
Ra 3.2 (√)
技术要求
去除毛刺，倒钝锐边。
材料：45钢

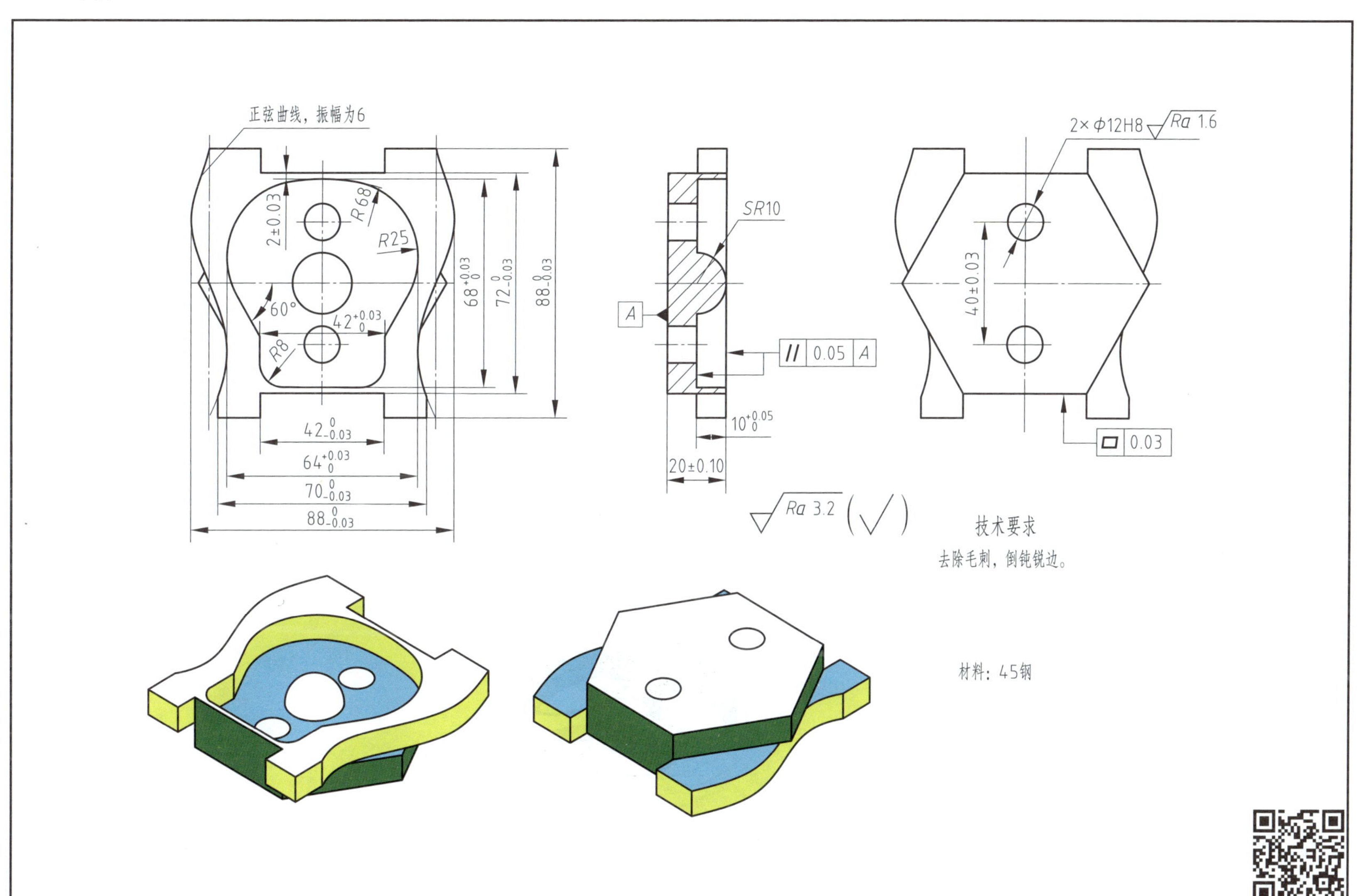

8–5 零件 5

B
R4.3
R4.3
Φ34
Φ42.6-0.03 0
Φ24-0.03 0
A
B
C
R3
D D
24
D=8±0.03
// 0.05 C
A
12-0.03 0
Φ73-0.03 0
Φ56
R6
R7
Φ12H8
Ra 3.2
技术要求
去除毛刺，倒钝锐边。
材料：45钢

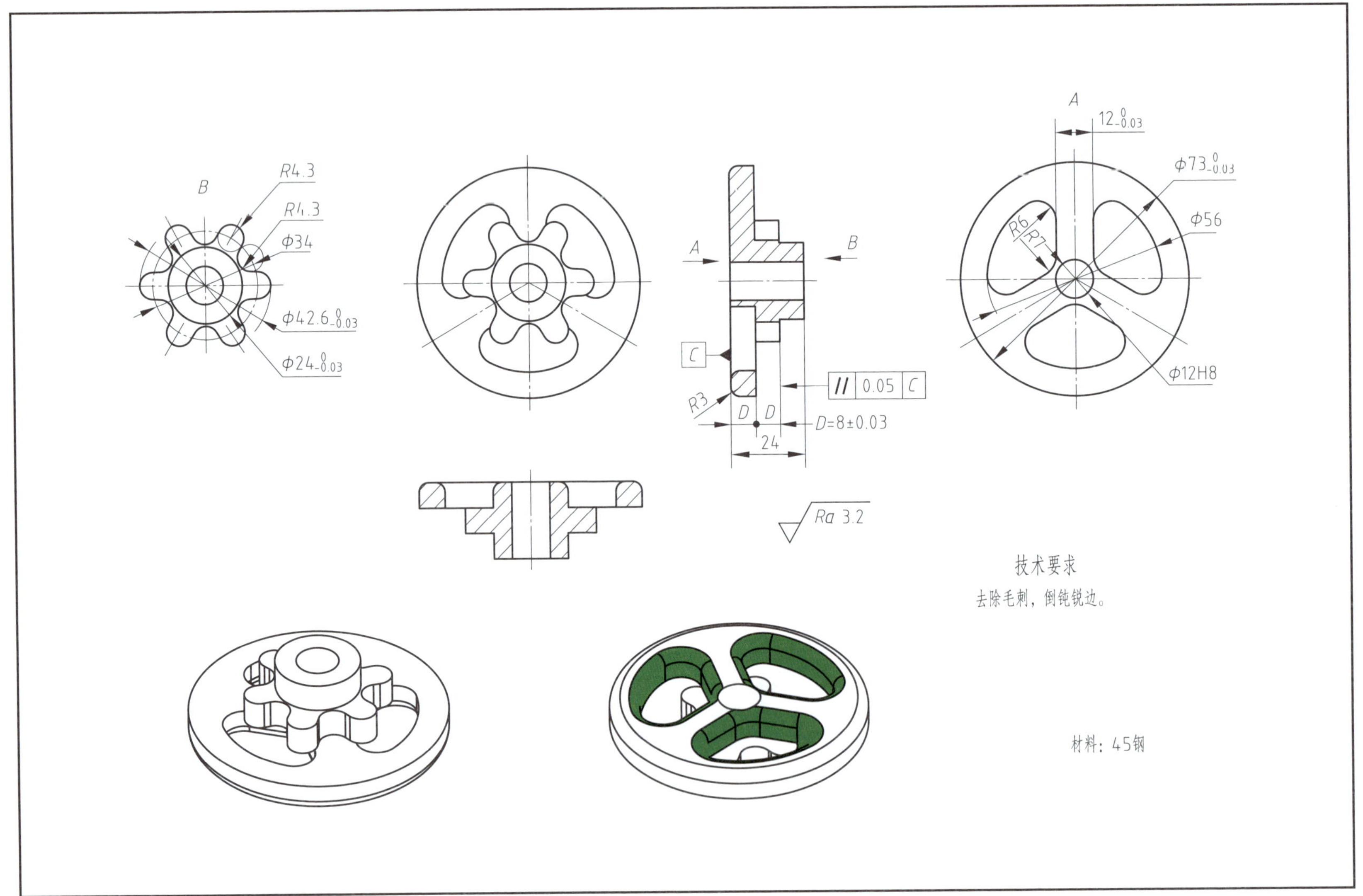

8-6　零件 6

70±0.03
2×Φ10H8
Ra 1.6
通孔
8×R5
35
72-0.03
88-0.03
40+0.03
Φ64
R8
16+0.03
64+0.03
88-0.03
8+0.05
7+0.05
A
7+0.05
0.05 A
20±0.10
Φ32+0.03
M24×2
R8
R18
R8
70+0.06 +0.03
50+0.06 +0.03
70+0.06 +0.03
Ra 3.2
技术要求
去除毛刺，倒钝锐边。
材料：45钢

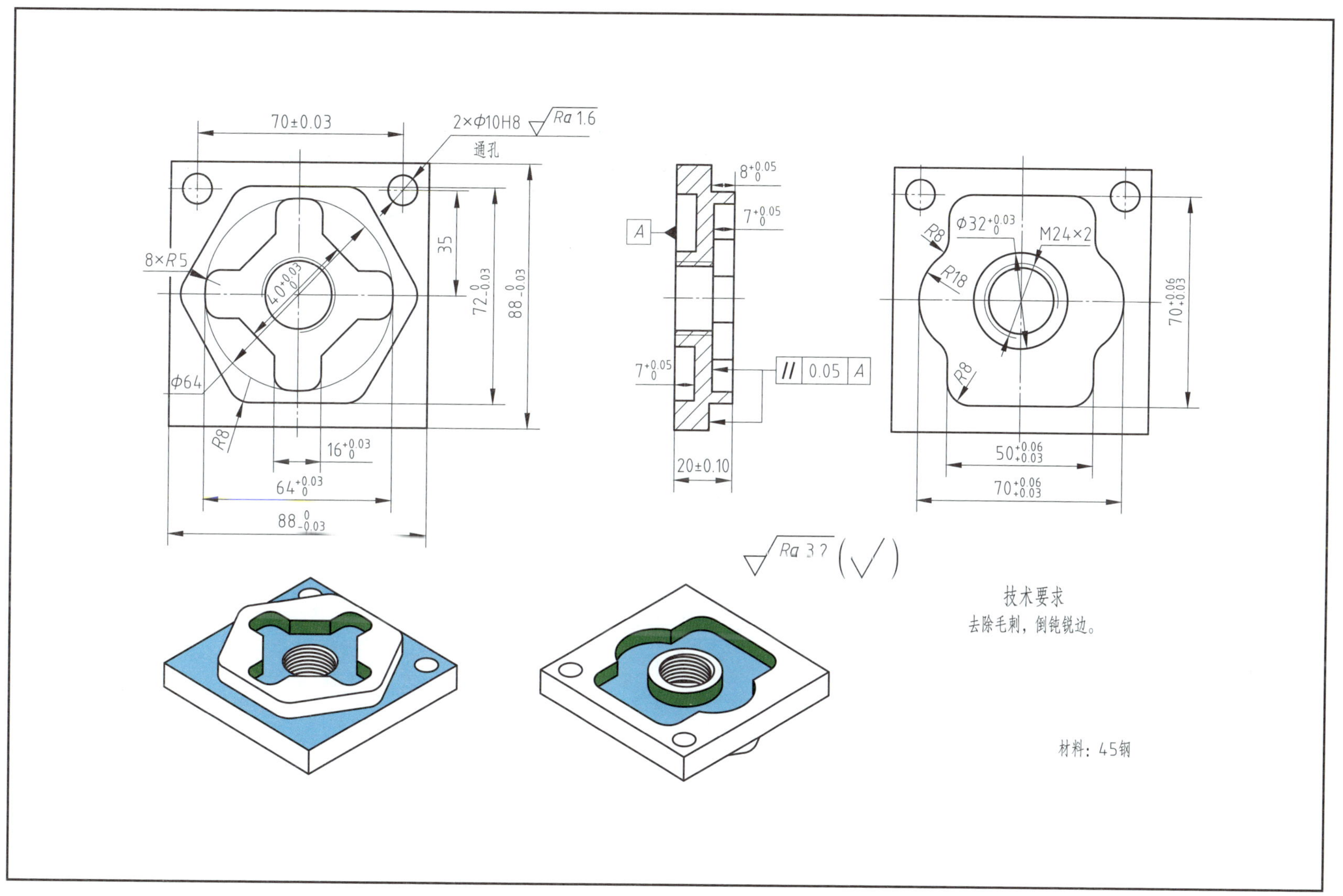

8-7 零件7

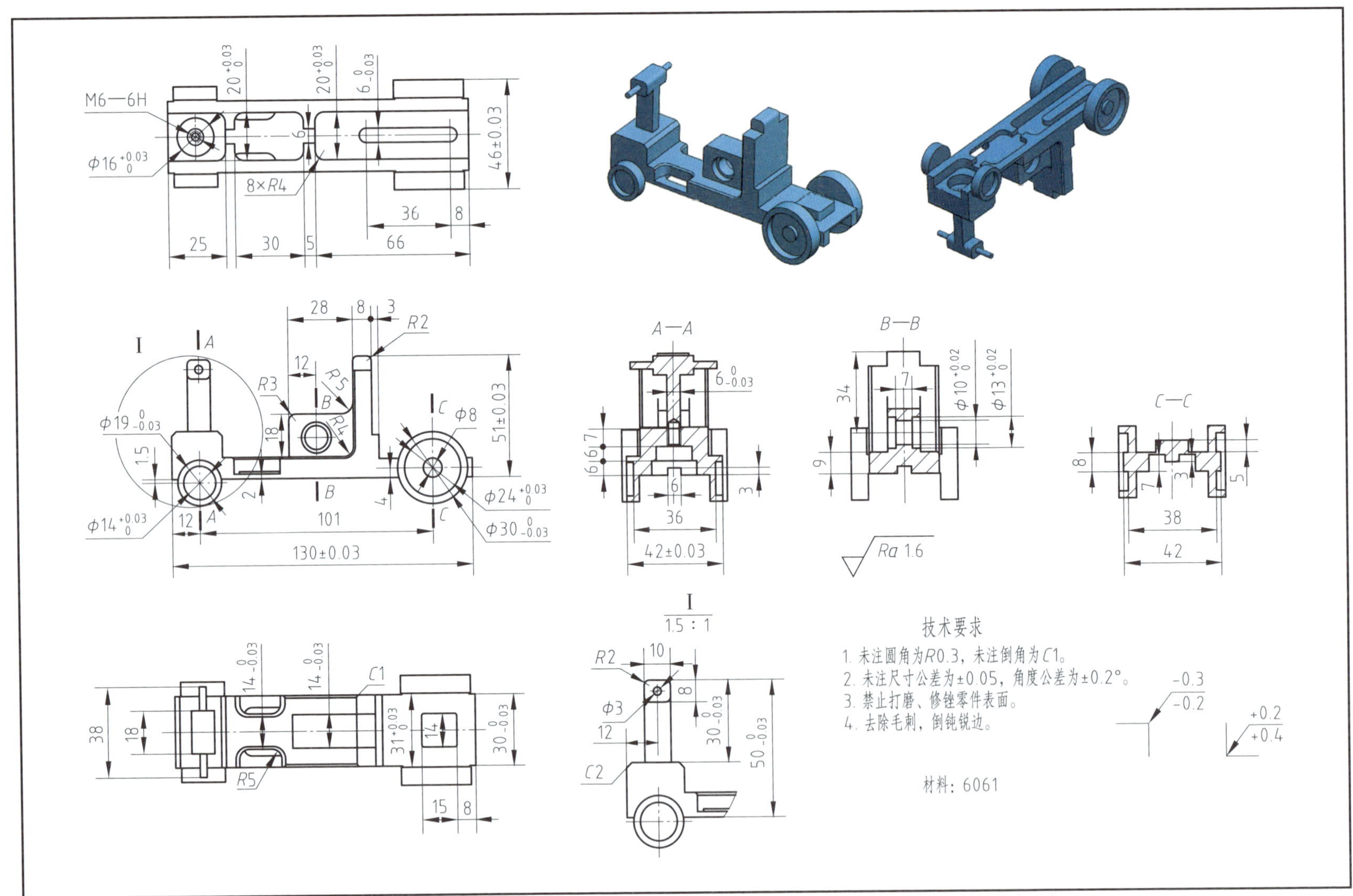
M6—6H
8×R4
A—A
B—B
C—C
I
1.5 : 1
技术要求
1. 未注圆角为R0.3，未注倒角为C1。
2. 未注尺寸公差为±0.05，角度公差为±0.2°。
3. 禁止打磨、修锉零件表面。
4. 去除毛刺，倒钝锐边。
材料：6061

8-8　零件 8

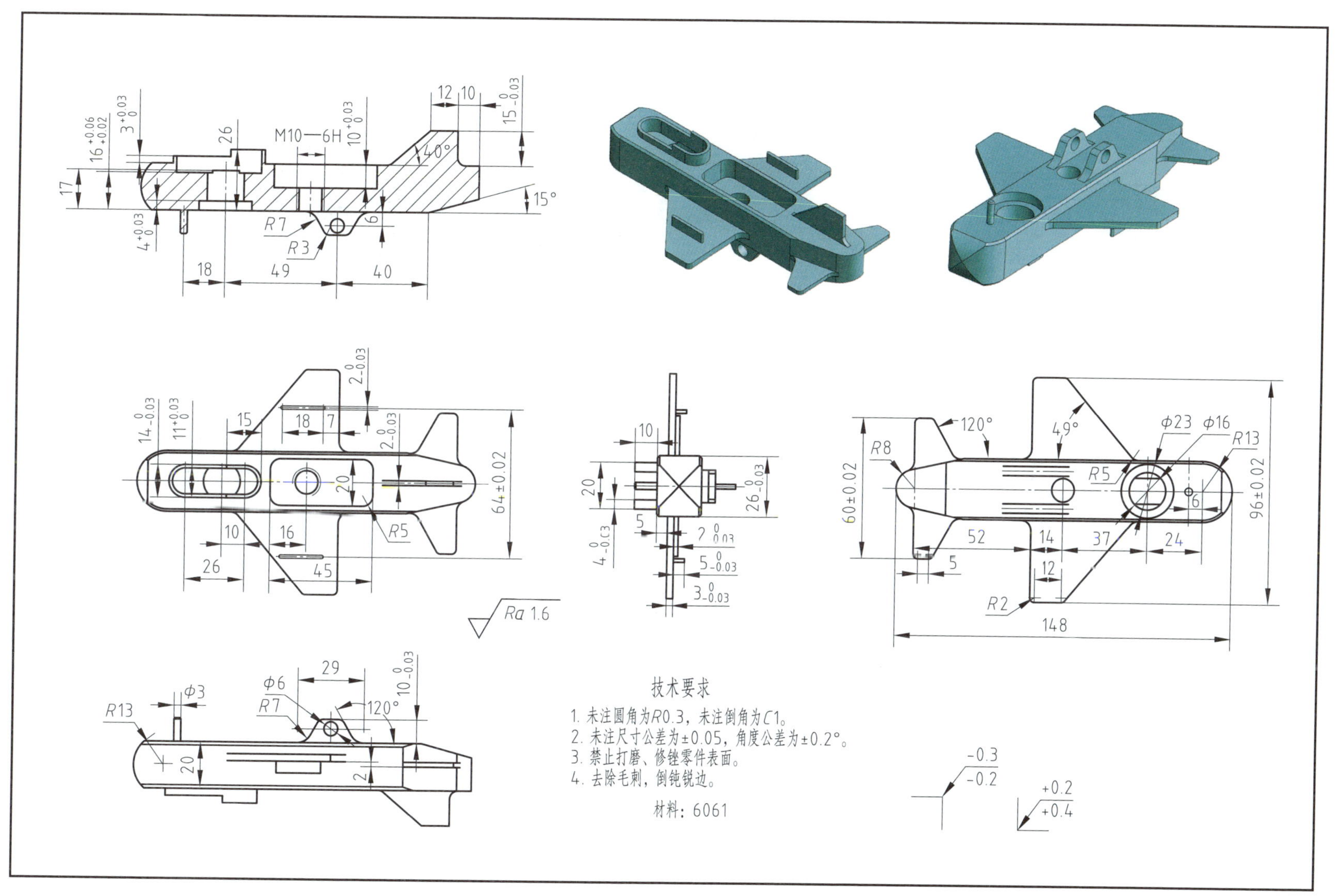
技术要求
1. 未注圆角为R0.3，未注倒角为C1。
2. 未注尺寸公差为±0.05，角度公差为±0.2°。
3. 禁止打磨、修锉零件表面。
4. 去除毛刺，倒钝锐边。
材料：6061
Ra 1.6
M10—6H
64±0.02
60±0.02
96±0.02
148

8–9　零件 9

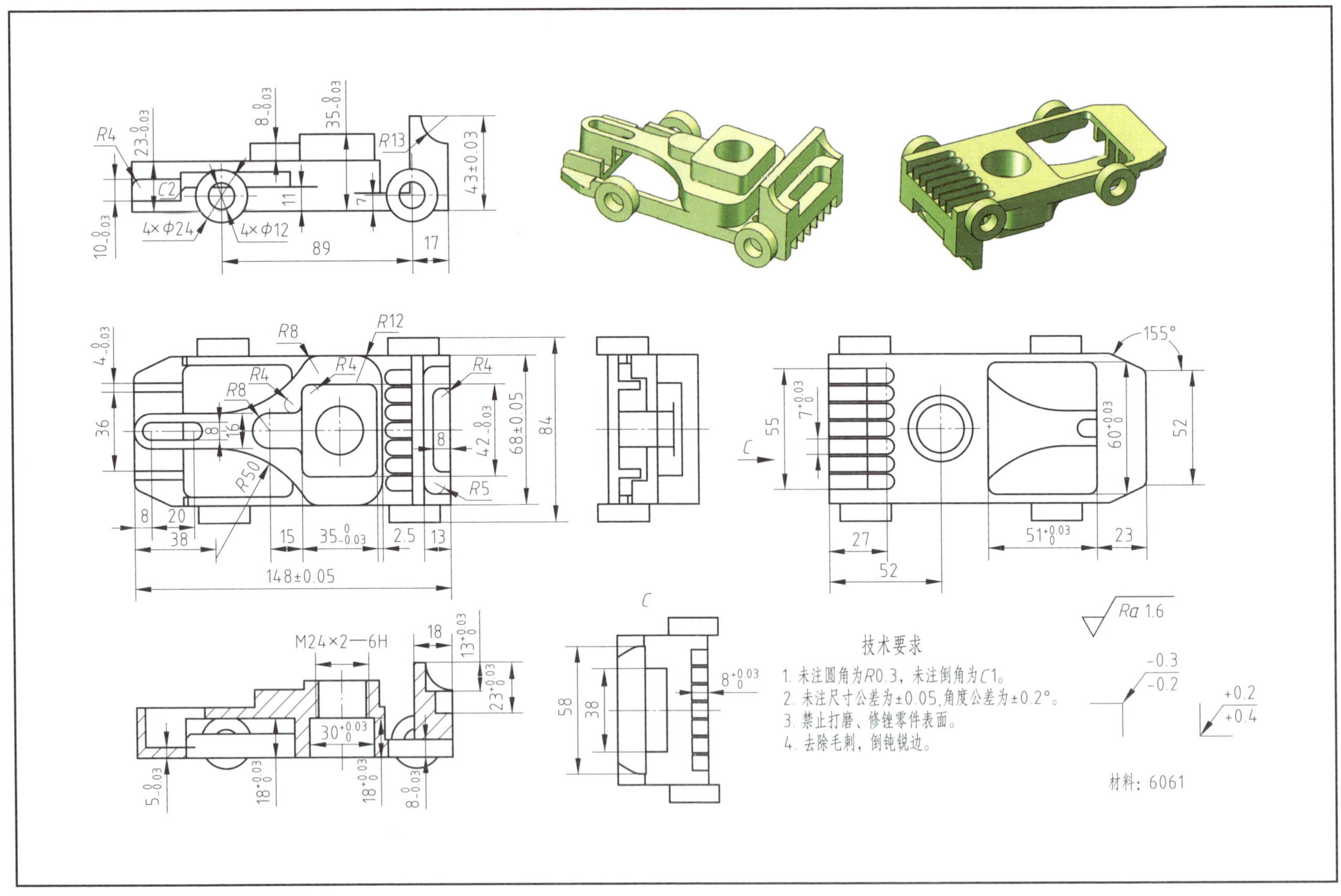
技术要求
1. 未注圆角为R0.3，未注倒角为C1。
2. 未注尺寸公差为±0.05,角度公差为±0.2°。
3. 禁止打磨、修锉零件表面。
4. 去除毛刺，倒钝锐边。
材料：6061
Ra 1.6
M24×2—6H
148±0.05
84
68±0.05
155°

8-10 零件 10

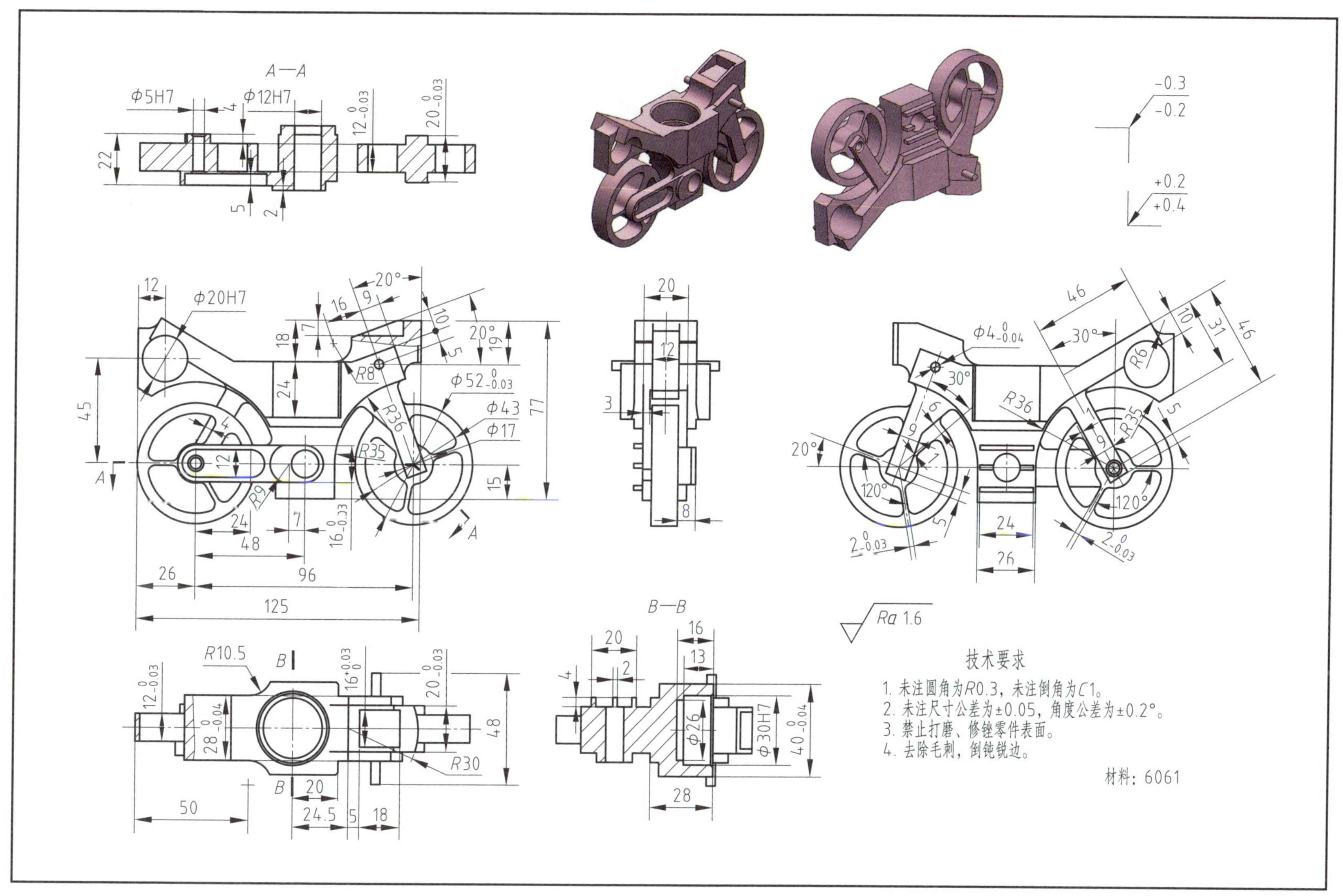
A—A
技术要求
1. 未注圆角为R0.3，未注倒角为C1。
2. 未注尺寸公差为±0.05，角度公差为±0.2°。
3. 禁止打磨、修锉零件表面。
4. 去除毛刺，倒钝锐边。
材料：6061
B—B
Ra 1.6

8-11 零件 11

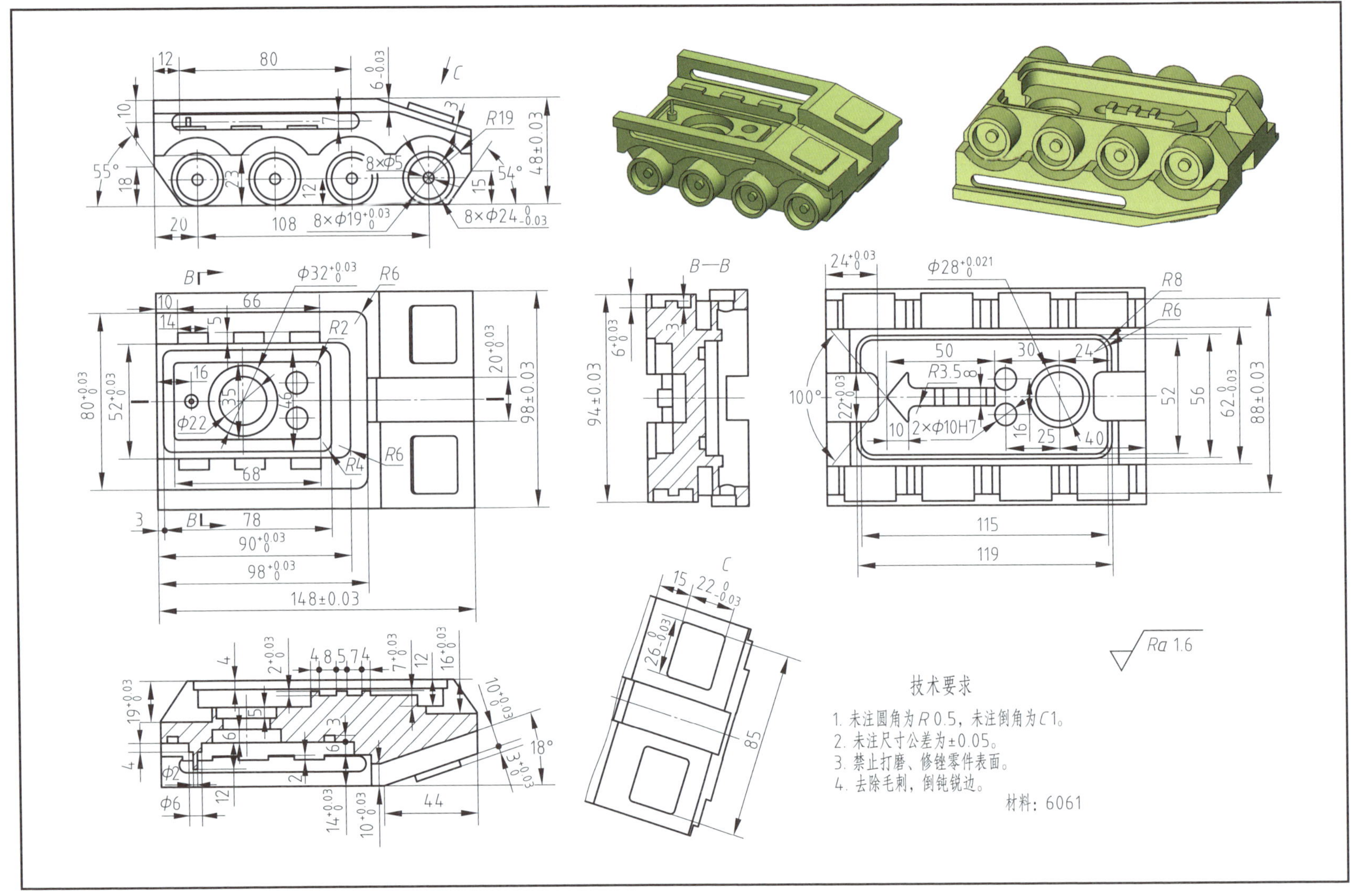
B—B
C
技术要求
1. 未注圆角为R0.5，未注倒角为C1。
2. 未注尺寸公差为±0.05。
3. 禁止打磨、修锉零件表面。
4. 去除毛刺，倒钝锐边。
材料：6061
Ra 1.6

8-12 零件 12

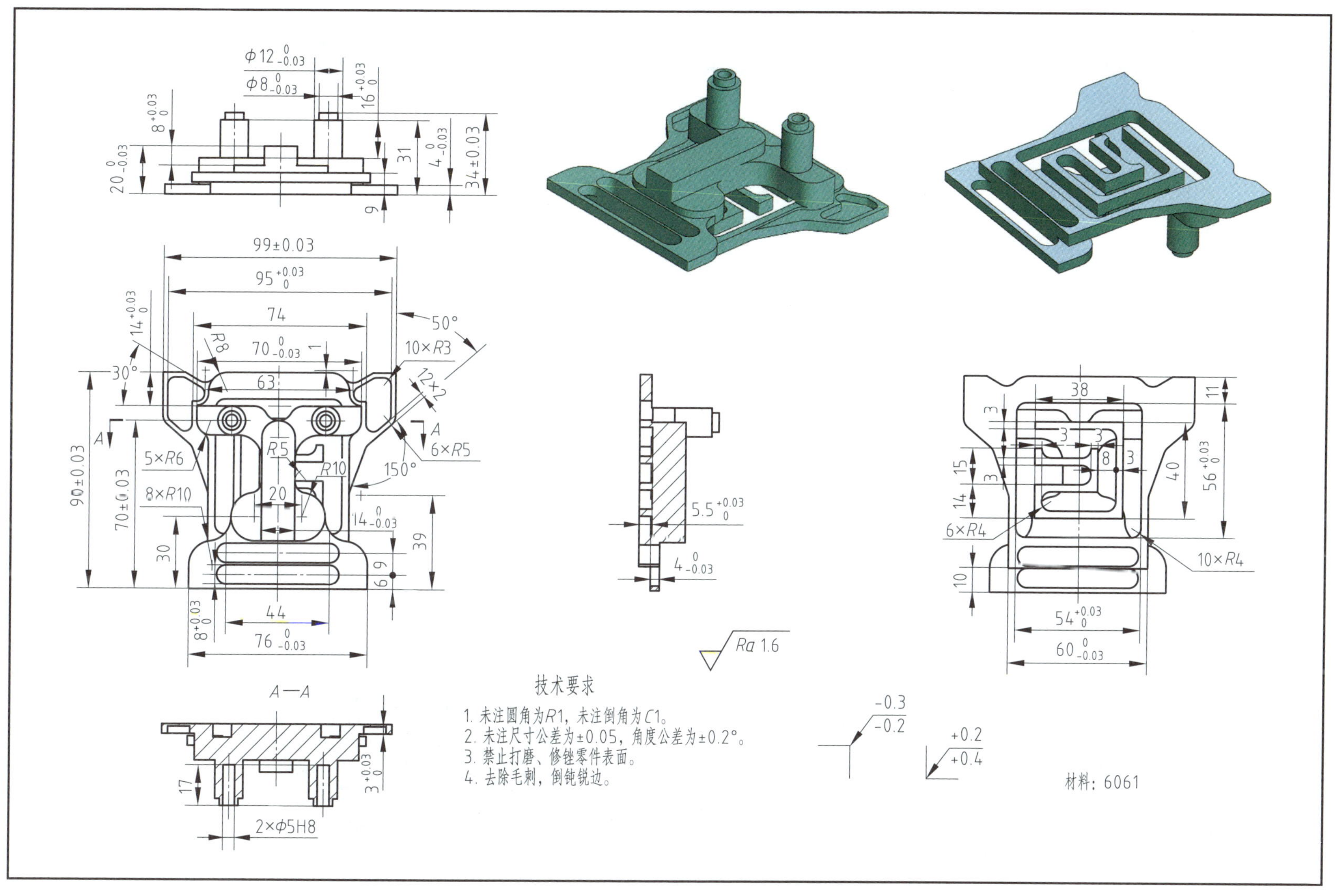
A—A
2×ϕ5H8
技术要求
1. 未注圆角为R1，未注倒角为C1。
2. 未注尺寸公差为±0.05，角度公差为±0.2°。
3. 禁止打磨、修锉零件表面。
4. 去除毛刺，倒钝锐边。
Ra 1.6
材料：6061

第九章　曲面零件 3D 铣削加工

9-1　零件 1

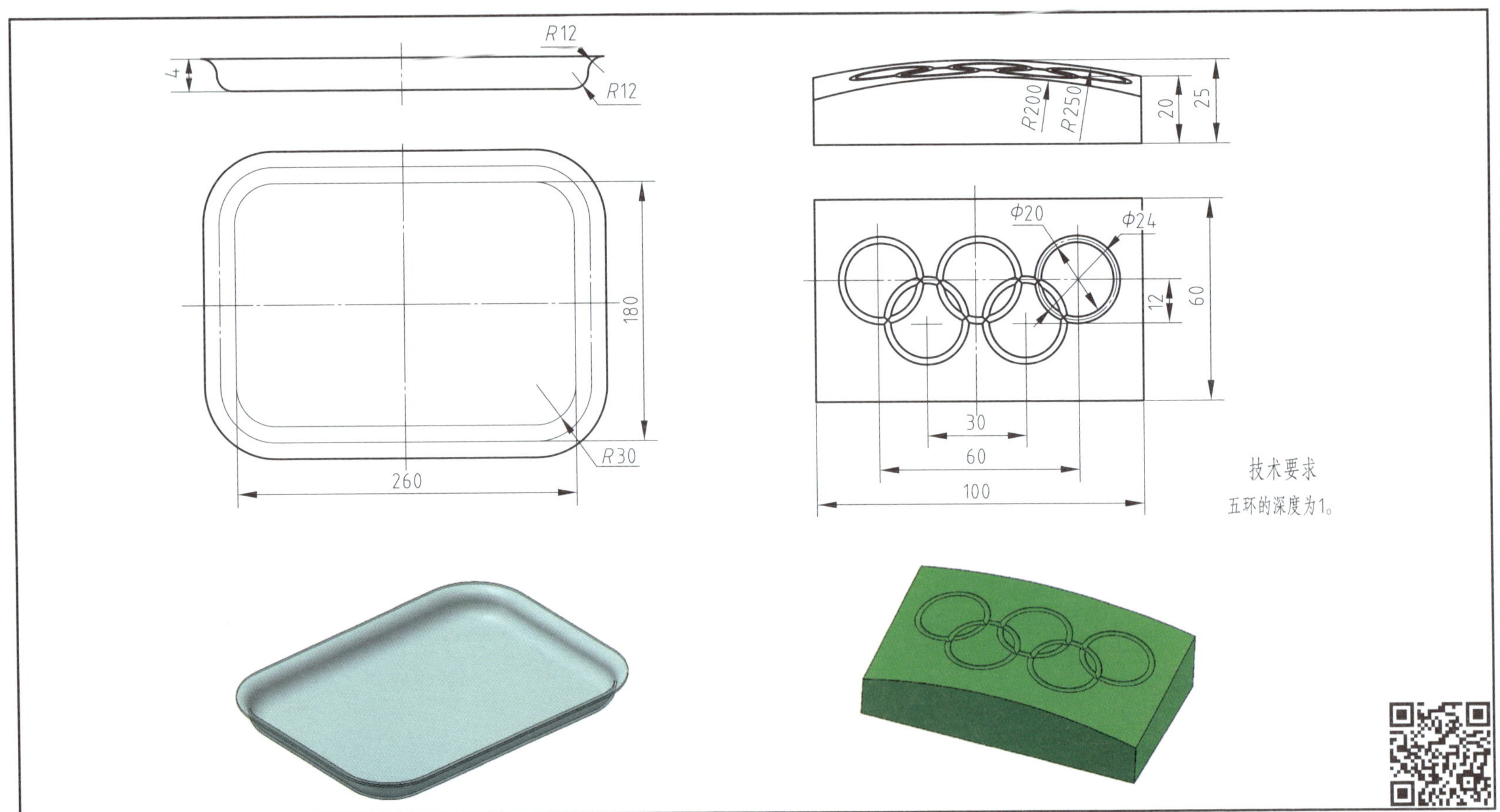

9–2　零件 2

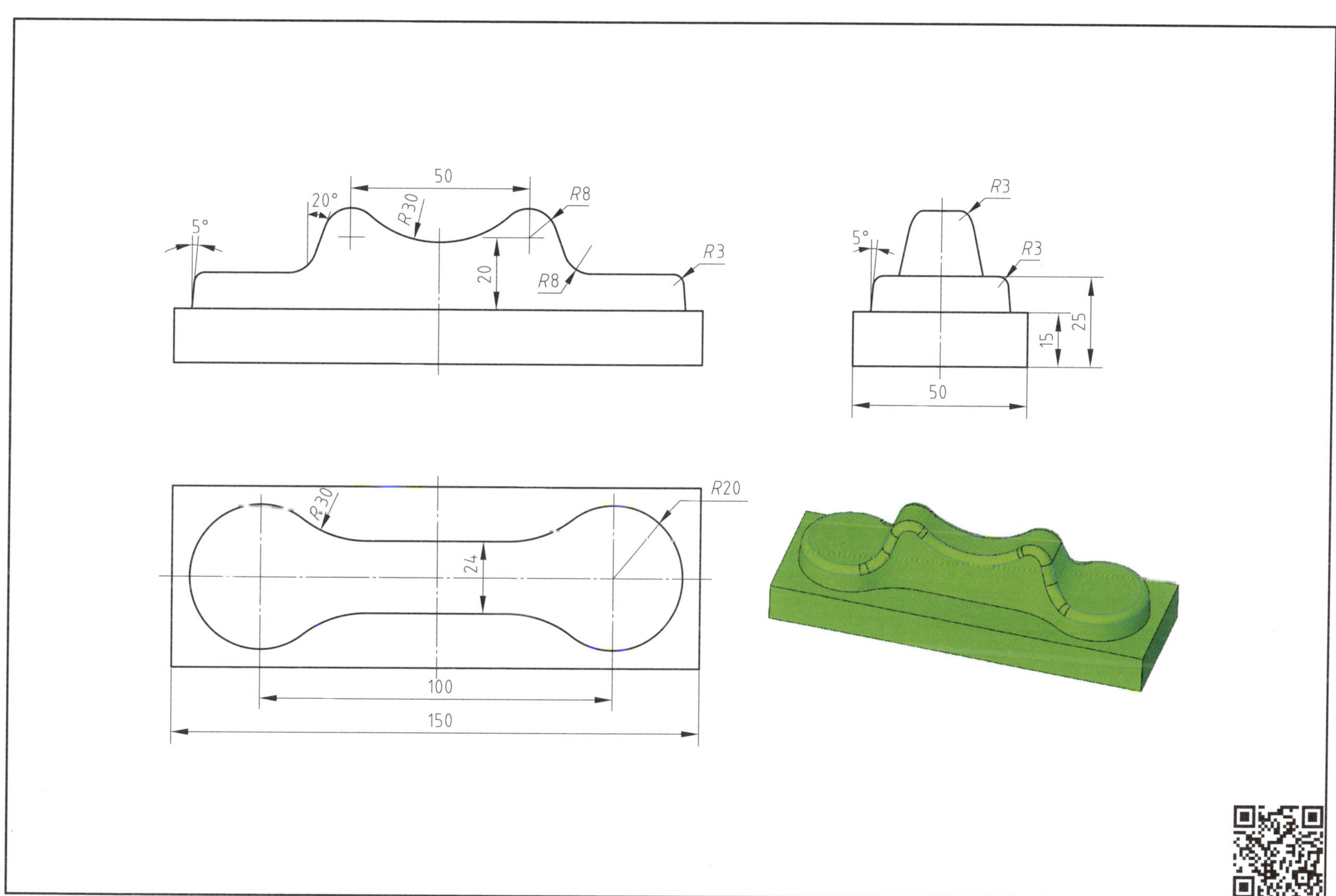

9–3　零件3

R10
R175
25
3
R5
R120
R70
20
R63
100
60
R25
O(0,0)
8
10
样条线节点坐标(-40,-25)、(-9,-29)、(33,-22)、(52,-5)
样条线法向截面轮廓

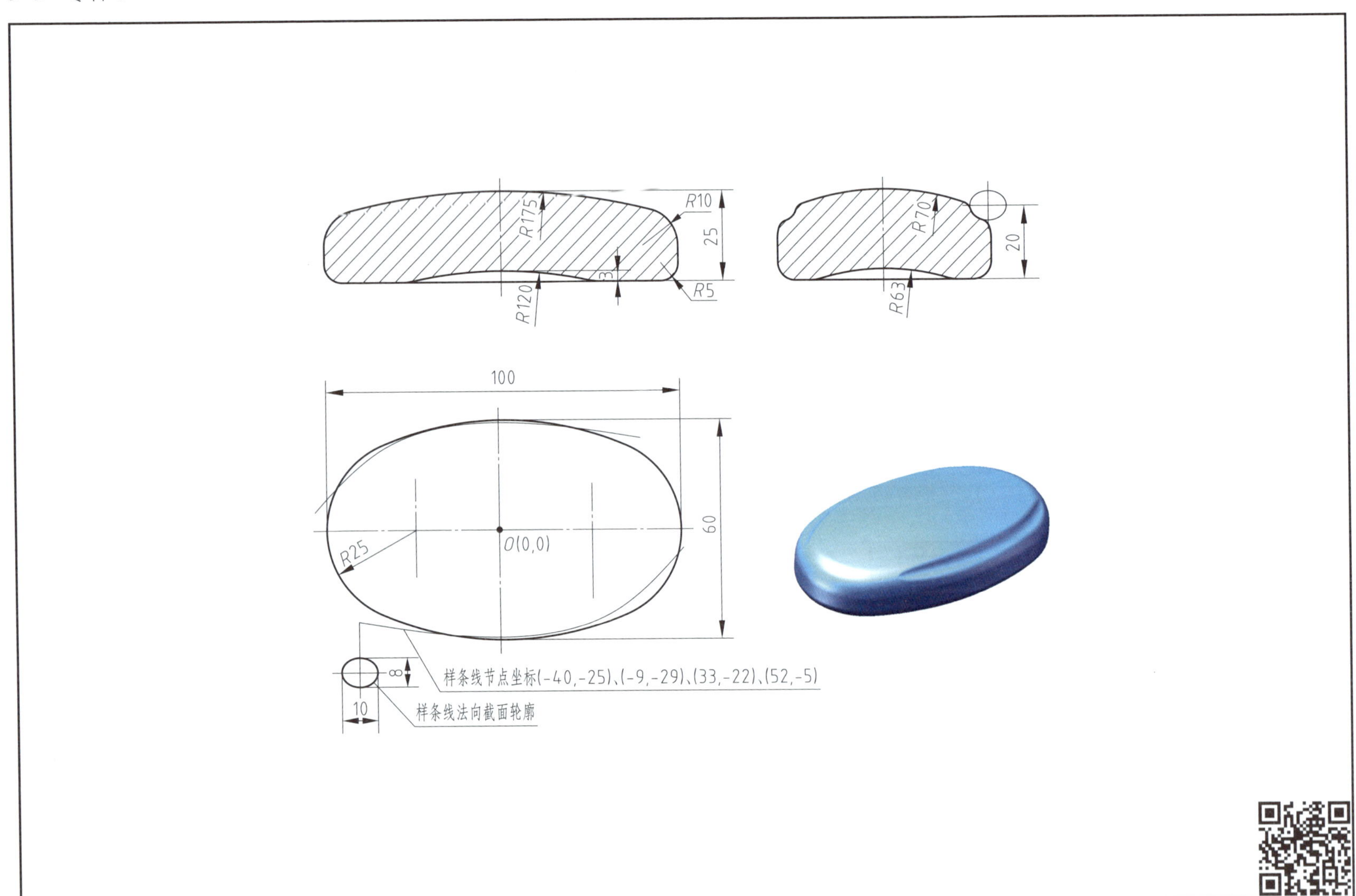

9-4　零件 4

Φ25
(1.78)
$\frac{X^2}{75^2}+\frac{Z^2}{127.5^2}=1$
45等分
127.5
Z
(39.81)
O
X
Φ142.5
技术要求
西瓜纹法向切面内圆弧半径为R25。

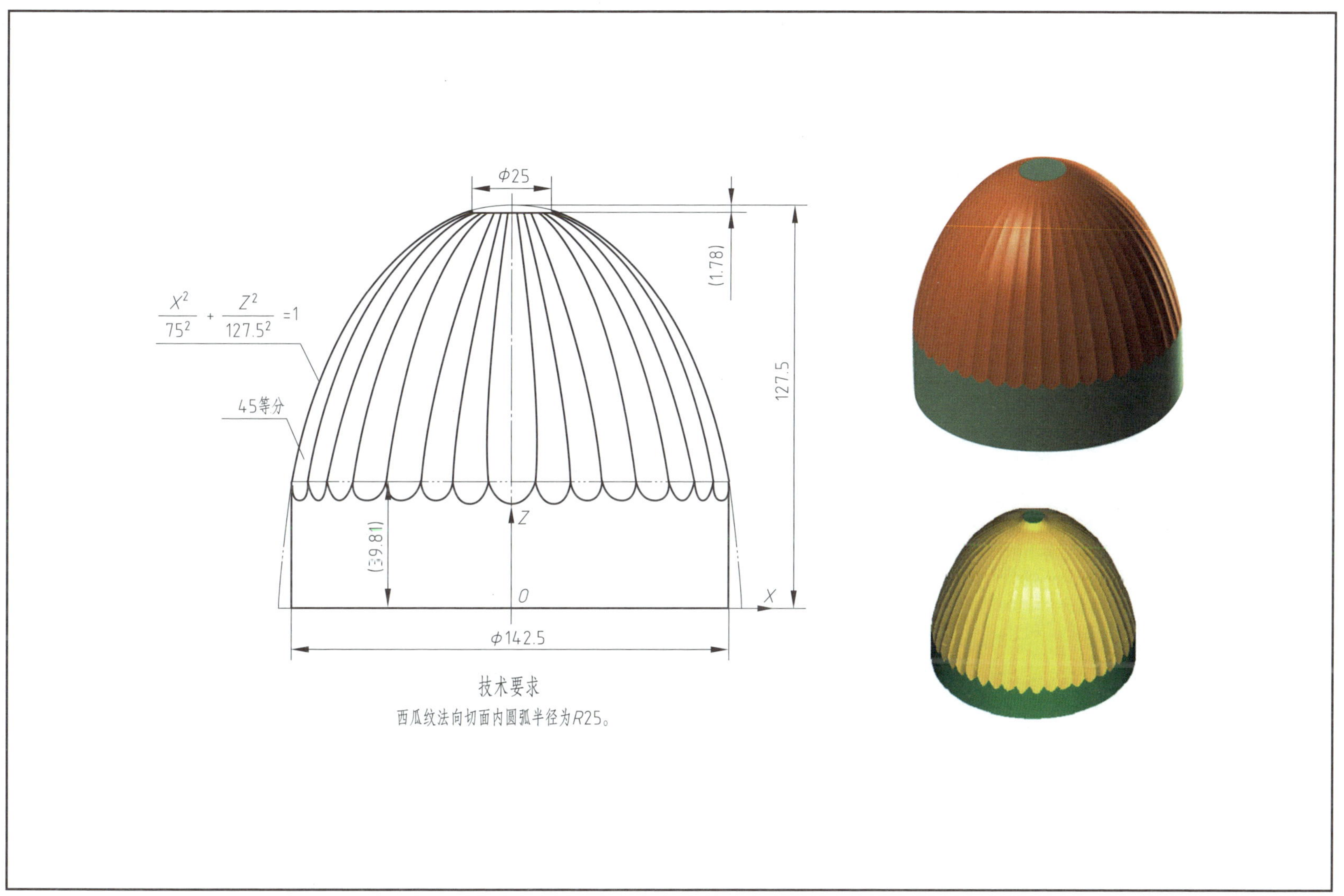